LICHENS

DU

DÉPARTEMENT DE LA MARNE

PAR

T.-P. BRISSON,

MEMBRE DE LA SOCIÉTÉ D'AGRICULTURE, COMMERCE, SCIENCES ET ARTS
DU DÉPARTEMENT DE LA MARNE.

CHALONS-SUR-MARNE

IMPRIMERIE T. MARTIN, PLACE DU MARCHÉ-AU-BLÉ, 50.

—

1875.

LICHENS DE LA MARNE

SUPPLÉMENT AUX LICHENS

DU

DÉPARTEMENT DE LA MARNE

PAR T.-P. BRISSON

De Lenharrée (Marne)

PUBLIÉ DANS LES MÉMOIRES DE LA SOCIÉTÉ D'AGRICULTURE,
COMMERCE, SCIENCES ET ARTS DU DÉPARTEMENT DE LA MARNE,
1873-1874.

En terminant mon travail sur les lichens de notre région, j'avais promis de faire des recherches dans les parties non explorées du département.

J'ai visité les coteaux de Broyes; la côte de Tigé; la montagne des grottes, près Péas, remarquable par ses empreintes végétales et ses nombreux coquillages fossiles; les coteaux de Vinay; les environs d'Orbais et de Montmirail, dont les roches, très-dures, de la nature du silex et de la pierre meulière, sont moins favorables à la production des lichens que les roches calcaires et de grès.

C'est surtout sur les roches de grès des coteaux de Broyes et de Tigé que j'ai recueilli les bonnes espèces suivantes :

278. COLLEMA GRANULIFERUM Nyl.

Sur un mur de jardin, ruelle parallèle à l'allée Saint-Brisson, Sézanne.

279. CLADONIA CERVICORNIS Ach., Nyl. *lich. scand.* p. 52.

Sur la terre, côte de Tigé, sur les rochers recouverts d'un peu de terre, coteaux de Broyes.

280. STICTA SCROBICULATA Ach. Syn. p. 234.

Récolté par M. L. Marcilly, inspecteur des forêts, au pied d'un chêne, forêt de Châtrices (Argonne), 1re série, n° 17.

281. XANTHORIA LICHNEA ; *Parmelia candelaria* var. *lychnea*. Ach. Syn., p. 192.

Sur un mur des moulins Rougemaille, Sézanne.

282. PHYSCIA ALBINEA Ach. *Parmelia cæsia* var. *albinea* Krb.

Sur les roches dures, Vinay, *stérile*. Seule localité où je l'ai trouvé, sur un seul rocher qui en était tapissé.

283. PHYSCIA CÆSIA (Hffm.) Nyl. *lich. scand.* p. 112.

Sur les roches, coteaux de Broyes et de Tigé, stérile.

284. LECANORA MEDIANS Nyl.

Sur un crépi de mur, ruelle du Calvaire, Sézanne.

285. LECANORA SUBDEPRESSA var. *lusca* Nyl.

Sur les roches, coteaux de Broyes.

286. LECANORA FARINOSA Flk.

Sur les rochers, Grauves.

Cette espèce diffère du *Lecanora calcarea* par son thalle farineux blanc de lait et ses apothécies brunes saillantes.

287. LECANORA OCELLATA ; *Buellia ocellata* Krb.

Sur les roches, Vinay.

288. LECIDEA FUSCOATRA Ach., Nyl. *lich. scand.* p. 229.

Sur les roches, environs de Broyes.

289. LECIDEA GRISELLA Flk. *Schœr. Enum.* p. 110.

Sur les roches, coteaux de Broyes.

290. LECIDEA SUPERANS Nyl. (*L. saxorum Leight.*) *lich.* des Pyrénées, p. 38.

Cette espèce est à peu près semblable au *Lecidea Lepto-cline* Flot., cependant la réaction du thalle n'est pas la même (*).

Sur les roches, coteaux de Broyes, fréquent.

291. LECIDEA PUNGENS. Krb.

Sur le crépi du mur au nord d'une maison située vis-à-vis le moulin de tan, Sézanne.

292. LECIDEA STENHAMMARI Fr.

Sur les murs de l'église de Lenharrée.

On ne connaît pas la fructification de cette espèce. Suivant M. Nylander, il se pourrait que ce soit un *Arthonia* ou seulement une forme de l'*Arthonia lobulata* Flk.

293. OPEGRAPHA SIGNATA Ach. *Op. varia* var. *signata* Fr. *lich. scand.* p. 253.

Sur les arbres, clos du château de Vitry-la-Ville.

294. VERRUCARIA POLYSTICTA Borr.

Sur les roches, coteaux de Broyes.

Il est inutile de citer les espèces de lichens qui couvrent les roches de grès des coteaux de Broyes et la côte de Tigé, dont j'ai déjà signalé l'existence sur les roches de

---

(*) Ne pas confondre ces plantes avec le *Lecidea rivulosa* Ach., qui a également le thalle limité et décussé par un hypothalle noir.

même nature des autres contrées, forêt du Mesnil, Grouges, etc.

Je citerai seulement, comme plus rares dans le département :

PARMELIA CONSPERSA Ach., Brisson, *lich. de la Marne*, n°55.

PARMELIA PROLIXA Ach., Br. *lich. de la Marne*, n° 58.

LECANORA SULFUREA Ach., Br. *lich. de la Marne*, n° 145.

URCEOLARIA GYPSACEA Ach., Br. *lich. de la Marne*, n° 158.

LECIDEA GEOGRAPHICA (L.) Br. *lich. de la Marne*, n° 231.

J'ai récolté sur la terre, côte de Tigé, le *Peltigera pusilla* Krb. Br. *lich. de la Marne*, n° 49.

Sur les roches dures des environs de Montmirail, de Mareuil-en-Brie à Orbais, on trouve fréquemment le *Lecanora parella* (L.) Br. *lich. de la Marne*, n° 129.

On rencontre également beaucoup d'autres espèces saxicoles plus communes.

Le PELTIGERA POLYDACTYLA Hffm., Br. *lich de la Marne*, n° 50, se trouve sur les rochers, à Montmort.

Le LECANORA TEICHOLYTA Ach., Br. *lich. de la Marne*, n° 96, est commun sur les pierres des talus de la route de Sézanne, au pont de Mœurs.

Sur les pierres de silex, le thalle est peu visible.

ERRATA.

Page 13, ligne 28°, *au lieu de* barres, lisez arbres.

Page 25, ligne 9°, au lieu de *Cryptogamie illustrée, famm.*, lisez : *La Cryptogamie illustrée, fam.*

Page 25, la note : On aura soin de distinguer, etc., doit être reportée *page* 27, avant la liste des ouvrages consultés.

Page 54, ligne 8°, *après :* * Thalle blanc-jaunâtre ou verdâtre, corticole, *ajouter :* très-rarement terricole ou saxicole.

Page 54, ligne 13, *après :* bordées de cils rayonnants, *ajouter :* très-rarement sans cils.

Page 85, N° 140, *au lieu de* L. GLOCOMA, *lisez* L. GLAUCOMA.

Page 96, N° 167, *au lieu de* M. de Casanove, *lisez* M. de Cazanove.

Page 99, N° 184, *au lieu de* V. TRIPTICANS, *lisez* V. TRIPLICANS.

Page 103, N°ˢ 205 et 206 *effacer* 1° et 2°.

Page 103, N° 210, *au lieu de a., lisez* 1°.

Page 104, n° 212, *au lieu de b., lisez* 2°.

Page 121, planche 4, les figures 1, 2, 3 et 3 bis sont désignées comme suit :

Fig. 1 et 3, *dites* gonidies.

Fig. 2, *dites* gonimies.

Fig. 3 bis, *dites* gonidimies.

Il y a encore une forme de godinies que le docteur Nylander appelle gonidies chroolepoïdes; elles ont l'odeur de la violette. On les trouve dans quelques opegraphes ayant cette forme $OOOoo$

Page 71, ligne 23, spores variables, *ajouter :* thalle ne contenant pas de gonimies..............(LECANORA).

Page 71, ligne 24, spores simples...., *ajouter :* excepté le *Pannaria nigra*, qui sont ordinairement uniseptées. Thalle contenant des gonimies......... *Pannaria*.

Dans la description des *Collémacés et Pannaria*, au lieu de gonidies, *lisez :* gonimies.

Châlons, imp. F. THOUILLE.

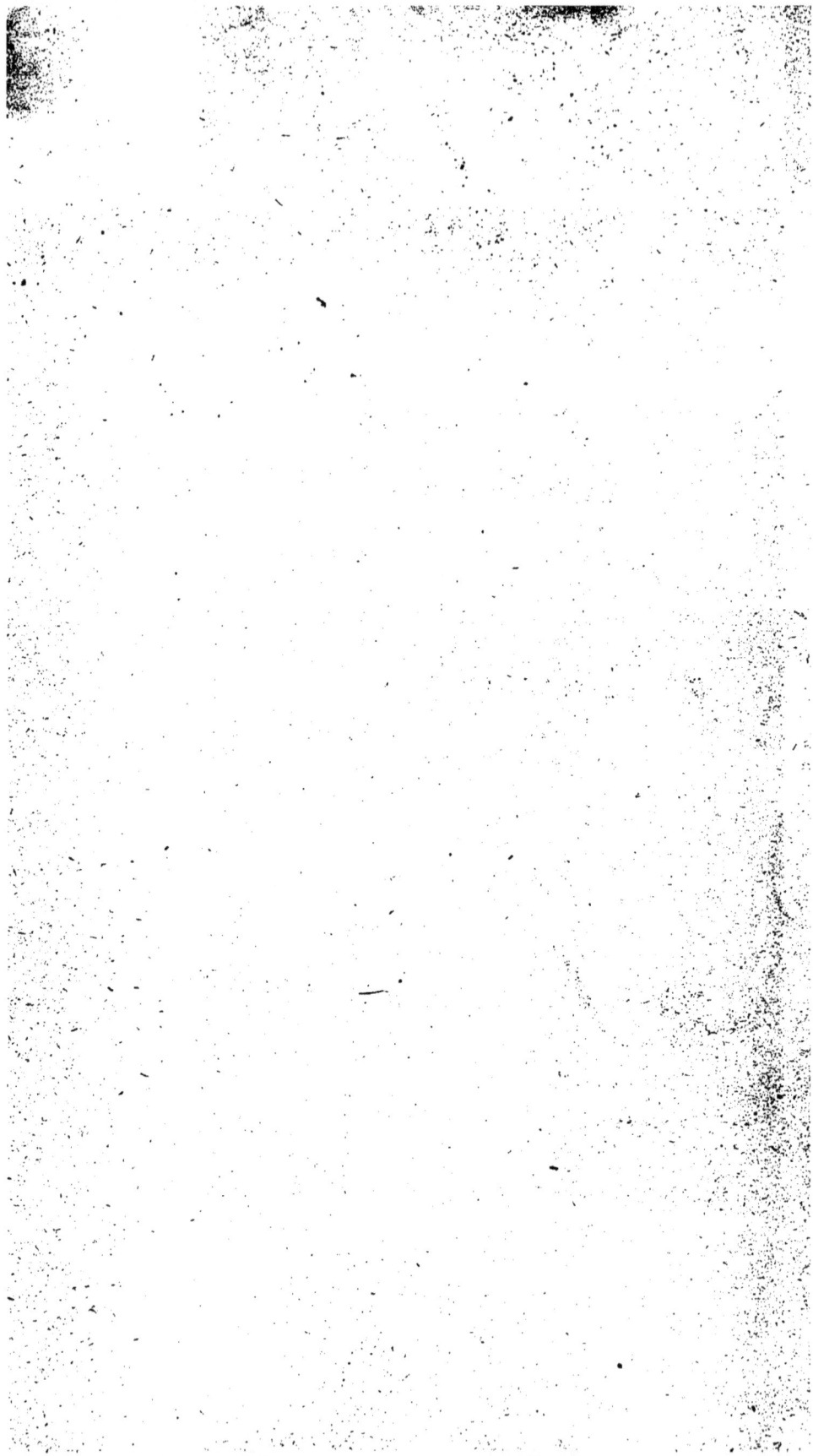

LICHENS

DU

DÉPARTEMENT DE LA MARNE

PAR

T.-P. BRISSON,

De Lenharrée (Marne),

MEMBRE DE LA SOCIÉTÉ D'AGRICULTURE, COMMERCE, SCIENCES ET ARTS
DU DÉPARTEMENT DE LA MARNE.

CHALONS-SUR-MARNE

IMPRIMERIE T. MARTIN, PLACE DU MARCHÉ-AU-BLÉ, 50.

—

1875.

©

INTRODUCTION

LICHENS, Λιχην. — Les anciens naturalistes ont donné peu d'attention à ces plantes, qui n'étaient pour eux, comme les champignons, que l'excrément ou le limon de la terre ; mais ce limon joue un rôle important dans l'économie de la nature. On peut dire que les lichens ont été avec les mousses les premiers défricheurs du sol, ou plutôt qu'ils ont créé le sol lui-même sur les grandes masses minérales du globe. C'est de leurs détritus que se forme encore aujourd'hui, sur les rochers les plus arides, la première couche d'humus ou terreau, dans lequel ne tardent pas à s'enraciner des plantes d'un ordre plus élevé, dont les débris, s'accumulant pendant des siècles, forment à la longue un sol capable de soutenir et d'alimenter les plus grands végétaux.

Il faut parcourir le *Genera Plantarum* de Micheli (1729), le *Genera Plantarum* de Linné (1743), pour rencontrer les premières analyses de la fructification [1].

---

[1] Micheli et Linné désignaient sous le nom d'organes mâles les apothécies, et d'organes femelles les sorédies.

Dickson (1785), Swartz (1788), Schreber (1769-1810), Hoffmann (1791-1804), ont le mérite d'avoir tenté les premiers une classification, basée sur la forme extérieure de l'apothécie.

Il faut arriver à Acharius, si justement nommé le père de la Lichénographie, qui vivait au commencement de ce siècle, pour trouver un ouvrage méthodique complet sur les Lichens. Son système, fondé sur l'étude de la fructification, offre une classification très-naturelle et dont les perfectionnements modernes, tout en multipliant les genres et les groupant un peu différemment, ont toujours conservé l'économie fondamentale.

Acharius avait jeté un éclair de lumière dans la lichénologie, et divers auteurs en ont profité pour publier des systèmes de classification reposant sur l'état du thalle et du fruit. Je citerai en première ligne de Candolle (*Flore française*, 1805), dont j'ai rassemblé les idées dans un tableau synoptique qu'on trouvera plus loin ; Florcke *(Deutche Lichenum, gesammelt, etc.,* 1815); Turner *(Lichenographia Britannica,* 1816). Ces anciens systèmes de distribution méthodique furent renversés depuis qu'on eut la pensée de l'analyse interne des organes apparents.

El. Fries, élève d'Acharius, vint améliorer cette partie de la botanique, en la présentant sous un jour différent dans sa *Lichenographia Europæa reformata,* publiée en 1831; mais il passa trop légèrement sur la thèque, principal caractère que les lichénologues contemporains ont utilisé pour la réformation des genres.

Il y a peu d'années seulement qu'en lichénologie

on se contentait encore généralement d'un jugement spécifique à la loupe; même encore en 1850, dans son *Enumeratio critica* des Lichens d'Europe, feu le pasteur Schœrer, n'employait d'autres ressources que sa grande expérience et sa loupe, et ne tint pas compte de quelques recherches déjà faites à l'aide du microscope, mais encore isolées, dues surtout à MM. Fée, Montagne, de Flotow et de Notaris. Mais, dès ce moment, pour ainsi dire coup sur coup, eurent lieu des publications de la plus haute importance sur cette famille, qui, basées sur une étude infiniment plus approfondie et aussi complète que nos microscopes d'aujourd'hui le permettent, changèrent considérablement les genres et les espèces. La grande conquête dans cette étude, outre les spermogonies et leur contenu, fut la connaissance de la structure interne des fruits, surtout celle des spores et des thèques. On s'aperçut immédiatement du grand avantage qu'allait offrir ce nouvel et important caractère à la classification, et on s'en est tant servi, et l'on en a été si heureux, que dans toute l'Europe, comme par enchantement, les lichénologues se sont décuplés. Mais il arrive souvent que, lorsqu'on est parvenu à arracher du secret de la nature un nouveau caractère, on est tenté de lui attribuer une valeur exagérée. C'est précisément ce qui n'a pas tardé d'arriver dans les Lichens, particulièrement par les travaux des professeurs Massalongo et Körber, qui ont eu pour résultat un morcellement exagéré des anciens genres.

Aux tâtonnements du premier moment ont rapidement succédé des systèmes basés sur des principes différents, les uns n'attachant pas assez de valeur aux caractères tirés des spores, les autres poussant ces différences et leur valeur à l'extrême (Muller).

Aussi, dit M. Duby, dans son *Esquisse des Progrès de la cryptogamie* (Genève, 1858, page 30), quel dommage que des travaux aussi considérables que ceux de MM. Massalongo et Körber, tant de recherches et tant d'efforts n'aboutissent, grâce à l'absence de vues taxonomiques générales et philosophiques, qu'à encombrer la science d'une multitude de matériaux dont quelques-uns, sans doute, pourront être utilement employés, mais dont une grande partie ne fait qu'accroître les difficultés qu'éprouve le naturaliste, et augmenter presque indéfiniment une synonymie déjà si chargée !

Avant de publier son *Synopsis methodica Lichenum* (1858-1860), M. Nylander avait déjà pris place parmi les lichénologues les plus savants. En 1858, M. Duby, dans une revue des publications sur les Lichens, disait, en comparant les travaux de M. Nylander avec tous ceux qui avaient paru jusqu'alors : « Je n'hésite pas à » dire que, dans leur ensemble, ils me paraissent, et » de beaucoup, l'emporter sur ceux des autres lichéno- » logues et fournir les bases réelles et rationnelles d'une » véritable classification des Lichens. »

M. Duby, dans cette même revue, disait que le système qui se rapprochait le plus de celui du docteur Nylander était celui du docteur Hepp, qu'on trouvera plus loin.

En 1867, M. Malbranche, dans son catalogue des Lichens de la Normandie, adopte la classification du Synopsis de M. Nylander, en disant qu'il ne pouvait suivre un meilleur guide.

En 1868, M. Roumeguère dit aussi, en parlant du système de classification de M. Nylander : « C'est cet » arrangement systématique que nous avons adopté, » en 1857, dans notre Monographie des Lichens du » bassin de la Gironde et que nous suivrons aujour- » d'hui dans la *Cryptogamie illustrée.* »

C'est cette même classification que je me propose de suivre dans l'énumération des Lichens de la Marne, avec quelques changements, dont les principaux sont adoptés par le docteur Nylander.

LICHENS

DU

DÉPARTEMENT DE LA MARNE.

DÉFINITION DES LICHENS.

Les Lichens sont des végétaux cellulaires, vivaces, parasites sur les corps où ils reposent, se nourrissant aux dépens de l'atmosphère par tous les points de leur surface. Leurs fructifications sont placées sur un organe végétatif ou nutritif remplissant le rôle de racine, de tiges et de feuilles, qu'on appelle thalle, Θαλλὸς, *tallus*, l., Acharius, 1801 ; *Frons,* Wilden, 1799 ; *Blastema*, Wallr. ; *Fronde.* Le thalle est caractérisé par la présence de *gonidies ;* il possède un *hymenium* ou lame proligère, contenant de la gélatine amyloïde. Il est visible à l'œil nu, ou caché, soit sous l'épiderme des écorces, soit entre les fissures superficielles de certaines roches. Quelques espèces sont privées d'un thalle propre, et, dans ce cas, leurs organes de reproduction se montrent sur un thalle étranger qui leur sert de support.

Les Lichens ne végètent que pendant les temps humides et interrompent leur végétation sous l'influence de la sécheresse. Avec cet accroissement lent et intermittent, quelques-uns vivent, d'après M. Nylander, des centaines d'années.

Les Lichens vivent indifféremment sur toutes sortes de corps. Les écorces des arbres, morts ou vivants, les bois décomposés, le crotin de mouton, le parenchyme des feuilles, la tige de quelques graminées, les mousses, la terre nue, les pierres les plus dures, les mortiers, les os, le cuir, le verre, le fer, les rochers immergés leur servent de point d'appui ; plus rarement ils ont des habitats distincts.

On a pendant longtemps distingué les variétés et même les espèces des Lichens selon les différences d'*habitat* qu'ils présentaient ; c'est ainsi que les diverses écorces d'arbres qui servent de *substratum* à beaucoup de thalles, la terre, les rochers, etc., etc., ont pu faire admettre des différences spécifiques ; mais ces différences, pour être légitimes, auraient dû être appuyées d'un *substratum* spécial, et rien n'est plus rare dans la famille des Lichens qu'une espèce restreinte à une écorce particulière. Quoique l'on doive admettre que les Lichens sont de préférence corticoles ou saxicoles, M. Nylander a trouvé le *calicium trachelinum*, espèce éminemment corticole, sur les grès de la forêt de Fontainebleau. C'est plus rarement que l'on rencontre sur les écorces les Lichens saxicoles. J'ai trouvé sur l'écorce des troncs de pins le *Lecanora calcarea* à 1 mètre 50 centimètres du sol, où je ne sache pas qu'aucun Lichénologue l'ait trouvé.

Nylander réunit en deux groupes les *habitats* des Lichens :

1º Les *saxicoles* et *terricoles* ;

2º Les *corticoles* et *lignicoles*.

Les expositions du Nord et de l'Ouest sont celles qui conviennent le mieux aux Lichens, parce qu'elles offrent plus de fraîcheur.

ORGANES DE LA VÉGÉTATION.

Thalle. Le thalle des Lichens varie dans ses *formes extérieures*, dans sa *texture anatomique*, dans ses *dimensions* et dans ses *couleurs*.

Les modifications des formes extérieures sont les suivantes :

THALLE FRUTICULEUX ou centripète, s'élevant verticalement en tiges simples ou ramifiées. Exemples : *Cladonia*, *Usnea*, etc.

THALLE FOLIACÉ ou centrifuge, s'étalant en expansions lobées, laciniées ou peltées, et adhérant à son support par une ou plusieurs de ses parties. Exemple : la plupart des *Collema*, *Peltigera*, *Sticta*, *Parmelia*, *Endocarpon*, *Umbilicaria*.

THALLE CRUSTACÉ, ayant l'aspect d'une simple croûte si intimement adhérente au corps qui lui sert d'appui, qu'on ne peut l'en détacher sans la diviser en fragments. Exemple : *Lecanora*, *Lecidea*, etc.

Le thalle est quelquefois foliacé, crustacé au centre et découpé en folioles sur les bords. On doit distinguer comme subdivisions de cette forme le thalle squameux. Exemple : *Endocarpon hepaticum* ; le thalle radié (*Lecanora murorum*) ; le thalle aréolé (*Lecanora cinerea*) ; le thalle pulvérulent (*Lecanora Reuteri*).

THALLE ÉPIPHLÉODE. Il se développe sur l'épiderme des écorces végétales ou même des feuilles persistantes. Exemple : *Opegrapha rimalis*.

THALLE HYPOPHLÉODE. Ce thalle est caché sous l'épiderme des barres. Exemple : *Verucaria nitida*.

THALLUS EFFUSUS. Indéterminé.

Les thalles crustacés et les thalles hypophléodes sont parfois mal définis et vagues dans leurs contours. On les dit alors *indéterminés* (*Thallus effusus*). Exemple : *Veṛucaria epigæa* Ach. Plusieurs *calicium* se développent sur la surface entière du tronc d'un arbre sans qu'on puisse déterminer le point où le thalle commence et celui où il finit.

THALLES DÉTERMINÉS.

Les thalles déterminés sont ceux dont une lisière hypo-thalline, souvent de couleur foncée, indique les limites Exemple : *Lecidea coracina* Ach. *L. Œderi* Ach.

Dans la texture anatomique du thalle, le docteur Nylander distingue deux modifications.

THALLE RÉGULIER OU STRATIFIÉ. C'est celui du plus grand nombre des Lichens ; trois couches superposées, ou moins souvent quatre, composent le thalle stratifié. (*Pl. 4, fig. 1. Ricasolia herbacea : coupe du thalle* [1].

La *couche corticale* (*stratum corticale*), appelée aussi écorce, *cortex*, couche épidermique, couche supérieure, épithalle, est formée d'un tissu cellulaire, serré, incolore, roide à l'état sec. Sa partie la plus superficielle est légère-ment nuancée de vert, lorsque le thalle est exposé au jour ; elle a été désignée sous le nom d'*Epithalle* par le docteur Nylander. C'est, pour ce dernier, une sorte de cuticule continue avec les parois cellulaires, dont elle ne constitue qu'une portion modifiée ou endurcie. (*Pl. 4, fig. 1ª.*)

La *couche gonidique* tire son nom de la présence des goni-dies ; ses formes sont irrégulières ou arrondies, ellipsoïdes ou fusiformes-ellipsoïdes, de couleur verte ou bleuâtre [2], *Pl. 4, fig. 1ᶜ, 2 et* 3ᵇ). Le docteur Nylander admet deux formes principales de gonidies thallines : 1ʳᵉ, celle de cellules ;

(1) Les figures de cette pl. ont été calquées sur les pl. du Syn. de Nyl.

(2) Quand les spécimens sont longtemps maintenus dans un herbier, les gonidies, fig. 3, prennent une couleur jaunâtre. Nyl. syn. p. 183.

2ᵉ, celle de grains sans membrane cellulaire. Indépendamment des gonidies thallines, on en connaît encore d'autres parfois dispersées dans la gélatine hyméniale (*gonidies hyméniales*) : mais celles-ci semblent être exclusivement propres, d'après M. Nylander, à quelques Lichens Pyrénodés dépourvus de paraphyses.

La *couche médullaire* ou moyenne (*stratum medullare*, Eschw), molle, se compose de cellules allongées, filamenteuses, serrées ou lâchement unies, parfois distinctes, parfois intimement unies avec la couche corticale. *Pl. 4, fig.* 1ᶜ.

La *couche hypothalline* est la plus inférieure du thalle ; elle n'est pas toujours visible et manque dans un grand nombre d'espèces. La zone hypothalline est formée d'un tissu filamenteux ou cellulaire, noirâtre, rarement incolore. *Pl. 4, fig.* 1ᵈ. M. Nylander distingue l'hypothalle proprement dit des *Rhizines*. Les Rhizines doivent être considérées comme des organes de sustention et nullement de nutrition ; elles sont composées de plusieurs éléments filamenteux articulés, tantôt simples, tantôt soudés ensemble.

Le THALLE HOMOGÈNE ou sans stratification (*collémés*, thalle gélatineux-pulpeux) est d'une structure beaucoup plus simple et caractérise les Lichens d'un ordre inférieur. Dans le thalle homogène, les éléments anatomiques primitifs des différentes couches sont unis ou absorbés par une masse gélatineuse translucide; la couche gonidiale seule reste distincte ; elle se montre généralement, dans les collémacés, en chapelets de grains gonidiaux, qui serpentent entre de rares filaments cellulaires. (*Pl. 4, fig.* 2. *Collema conglomeratum :* moitié en épaisseur d'une coupe verticale grossie près de 200 fois. L'autre moitié de la coupe est semblable à cette figure.) L'hypothalle des collémés est en général peu distinct et ne consiste le plus souvent, comme l'a observé M. Nylander, qu'en rhizines peu abondantes.

Les *dimensions* des Lichens sont très-variables dans certains genres ; ils sont parfois imperceptibles, tandis que d'autres, comme cette élégante chevelure des usnées, peuvent avoir plusieurs mètres de long.

Les *couleurs* du thalle les plus communes sont le brun ou le noir, le vert, le jaune pâle, le citron, l'oranger, le gris et le blanc. Indépendamment de la couleur propre que possèdent les cellules extérieures de quelques Lichens, la couleur verte ou bleuâtre des gonidies contribue très-souvent à la teinte générale du thalle. La couleur verdâtre, que présentent les Lichens lorsqu'ils sont humectés, n'a pas d'autre origine.

ORGANES DE LA REPRODUCTION.

Apothécies (appareil femelle) ;

Spermogonies (appareil fécondant ou mâle) ;

Pycnides (appareils sporifères supplémentaires, quand ils existent).

Apothécies (Αποθηκη, conceptacle, *Apothecia* Ach. Apothèce, *Apothecium*, *cymathia*, Wall).

Les apothécies sont en forme de disque ou nucléiformes, situées à la surface du thalle ou immergées dans son tissu, et s'en distinguent souvent par une couleur différente. Les discoïdes peuvent être entourées d'un rebord formé par le thalle (*Lécanorines*), ou d'un rebord propre, de la nature de l'apothécie, formé sans le concours du thalle (*Lecidéines, patelliformes*). On appelle *Biatorines*, celles dont la couleur est autre que noire ; quelquefois les apothécies sont étroites, allongées, simples ou rameuses *(lirelles)*, comme dans les graphidées. Les apothécies nucléiformes (*Pyrenocarpées*), varient seulement en ce qu'elles sont plus ou moins enfoncées dans le thalle (*Endocarpées*).

M. Nylander emploie le mot *ostiole* pour désigner le rebord thallin rétréci, qui entoure quelques apothécies enfoncées et urcéolées. Exemple : genre *Thelotrema* ; genre *Urceolaria*. Quant à leur couleur, les apothécies sont principalement noires, brunes, bistres, jaunes, orangées, roses, rouges, et présentent aussi une infinité de nuances intermédiaires entre ces diverses couleurs. Dans quelques espèces les apothécies sont recouvertes d'une poussière blanchâtre et plus rarement verte.

ANATOMIE DE L'APOTHÉCIE.

Les organes intérieurs de l'apothécie sont :

Le CONCEPTACLE (*hypothecium,* enveloppe).

Le THALAMIUM (lit nuptial, habitacle).

Les THÈQUES (*Theca*), où sont renfermées les spores.

Le CONCEPTACLE (*hypothecium, Perithecium*) s'appliquant à tous les organes tégumentaires de l'apothécie, M. Nylander a proposé d'employer à sa place le mot *hypothecium,* pour qualifier l'organe conceptaculaire des fruits thécasporés déjà appelé *Excipulum proprium*. L'hypothecium des fruits nucléaires a reçu le nom de *Perithecium*. Le conceptacle est constitué par un tissu de cellules très-fines, souvent peu distinctes.

Le THALAMIUM (θαλαμος) consiste le plus souvent en paraphyses distinctes, c'est-à-dire en filaments claviformes, incolores, creux et remplis de *protoplasma*. Ces filaments sont rapprochés entre eux ou agglutinés à leur sommet, et souvent articulés, de hauteur égale et plantés verticalement sur les petites cellules de l'*hypothecium*. Les thèques se forment au sein du thalamium.

1° PARAPHYSES (Παραφυσις). M. Tulasne dit que les paraphyses sont des cellules constitutives, et probablement, comme les thèques, composées d'une membrane intérieure, récipient de matière plastique, et d'une enveloppe externe très-mince, de nature amyloïde. D'après M. Nylander, les paraphyses serviraient à l'expulsion des spores mûres, grâce à la pression qu'elles exercent sur les thèques lorsqu'elles sont imbibées d'eau.

2° La GÉLATINE HYMÉNIALE contribuerait aussi à cette expulsion par sa propriété lubrifiante.

3° THECIUM. L'ensemble des paraphyses et des thèques constitue le *thecium* ou l'*hymenium*.

4° EPITHECIUM. Les sommités colorées des paraphyses sont appelées *Epithecium*.

5° PORE. L'Epithecium des Pertusaria est appelée *Pore*.

THÈQUES (θηκη, *theca*, *asci*, sporange, sac). Ce sont des vésicules incolores, isolées, de forme oblongue ou cylindrique, renfermant les spores, et disposées verticalement entre les paraphyses et les éléments cellulaires de l'hypothecium. (*Pl. 4, fig. 4-4*[bis] et 5.) Les dimensions et la forme de ces vésicules varient avec l'âge et selon les genres auxquels elles appartiennent. Elles sont ordinairement rétrécies à la base et élargies au sommet; les jeunes thèques sont toujours plus grêles que les thèques adultes.

SPORES (σπορα). La spore naît à l'intérieur de la thèque, du *Protoplasma*, que cette vésicule contient, et dans lequel le microscope fait découvrir des granulations moléculaires ou des gouttelettes d'huile. Voici comment M. Nylander expose son développement :

« Les spores ne commencent, dit-il, à se montrer sous la forme de corpuscules isolés qu'après que les thèques ont presque atteint le maximum de leur développement ; alors le *Protoplasma* se partage en autant de portions qu'il y aura de spores dans la thèque ; ensuite ces portions se limitent de plus enplus nettement, et prennent enfin la forme extérieure et la grandeur qui caractérisent les spores parfaites. (*Pl.* 1, 2 *et* 3.)

» Les spores sont généralement en nombre pair dans la thèque, 8, quelquefois 6 ou 4, rarement 2, 1 ou 20-100. Leur forme varie depuis la sphéroïde jusqu'à la cylindroïde ; mais le plus souvent elles sont ovales ou fusiformes. Elles sont simples, ou partagées par des cloisons transversales, et quelquefois en même temps par d'autres longitudinales (*spores murales*). Enfin on trouve souvent l'intérieur occupé par une ou plusieurs masses arrondies, que l'on désigne sous le nom de *nucleus* (*spor, mono-dy-pleioblastæ* de Kœrb.) La paroi des spores comprend deux couches, une externe et assez distincte, l'*Epispore;* l'autre intérieure, incolore et gélatineuse, l'*Endospore.* Dans les analyses microscopiques où l'on fait emploi de l'iode, on remarque que l'*Epispore* seul est sensible au réactif. La plupart des graphidées se colorent en bleu ; le *Lecanactis montagnei* en violet, et le *Tripethelium uberinum* en rose. On distingue plusieurs couleurs dans les spores, *spores blanches* ou *incolores* (ce sont les plus communes), *spores brunes* ou *jaunâtres, spores noires, bleuâtres* ou *verdâtres.* »

Spermogonies (*spermogonia*, σπερμα, γονη). Selon l'exacte définition de M. Tulasne, ce sont des organes punctiformes, assez semblables aux verrucaires, qu'on remarque épars ou groupés, souvent colorés en noir, à la surface supérieure d'une multitude de Lichens, sinon de tous.

Le plus souvent ces organes sont plongés dans l'épaisseur du thalle et font en dehors très-peu de saillie. La *spermogonie* se compose d'un conceptacle analogue à celui de l'apothécie ; sa face interne donne naissance à des cellules particulières appelées *stérigmates*, qui sont les supports des spermaties. La cavité de la spermogonie communique à un ostiole placé au sommet, et qui s'ouvre pour laisser échapper les spermaties, qui sont considérées comme des organes fécondateurs. (*Pl. 4, fig.* 6, 7, 8 et 9).

STÉRIGMATES (*stérigmala*, στερυγμα, support, soutien.) Ce sont des cellules allongées, à parois minces, et contenant un liquide incolore. Les cellules des stérigmates, dit M. Nylander, s'atténuent à leur sommet, et il s'y produit une protubérance saillante, oblongue ou, dans la plupart des Lichens, aciculaire, qui se détache du *stérigmate* qui la porte et devient ainsi un corpuscule libre, une *spermatie*, destinée ensuite à être expulsée en dehors par l'orifice de la spermogonie.

Les stérigmates varient d'épaisseur de 0,001 à 0,005; ils sont unicellulaires (*stérigmates, Pl. 4, fig.* 11, 12, 13, 14), ou pluricellulaires, articulés et rameux (*arthrostérigmates, Pl. 4, fig.* 15, 16 *et* 17.)

SPERMATIES.

Les spermaties sont incolores; mais sous les verres grossissants, elles paraissent être de couleur jaunâtre. Elles sont continues et homogènes, c'est-à-dire privées des cloisons qu'on rencontre dans diverses spores. Elles ne possèdent aucune faculté germinative et ne montrent aucune animation, ci ce n'est, comme l'a constaté M. Tulasne, dans les plus ténues, qui laissent apercevoir un certain mouvement de trépidation brownien. Ces corpuscules varient plus dans la mesure de leur longueur que de leur largeur. Les plus longs atteignent $0^m 040$ millimètres. L'épaisseur ordinaire de leur diamètre transversal est de $0^m 0005$, 0,001 millimètres.

On ne peut confondre les spermaties avec les spores, ces dernières se trouvant logées dans des thèques, lorsqu'au contraire les spermaties ne sont jamais contenues dans des cellules enveloppantes.(*Pl. 4, fig.* 11, 12, 13 *et* 14.)

Bien que le plus grand nombre des Lichens possède des *spermogonies*, cet organe n'est pas toujours facile à constater dans toutes les espèces qui en sont pourvues.

Pycnides (*Pycnitis*, πυχνοτες, multitude de choses pressées les unes contre les autres.)

Les Pycnides ressemblent par leur forme extérieure aux spermogonies. Elles s'en rapprochent encore par leur conceptacle et par le mode d'insertion des *stylospores* qui sont leurs produits, mais elles en diffèrent par ces mêmes produits, qui sont plus volumineux, moins nombreux que ceux des spermogonies et susceptibles de germination. (*Pl. 4, fig. 18.* Peltigera rufescens : A, *coupe d'une* pycnide, *vue sous un grossissement de 26 diamètres ;* B, basides *portant des jeunes stylospores;* C, stylospores). Ces dernières sont longues de 0^m 007, 0^m 012 millimètres, épaisses de 0^m 004, 0,005 millimètres.

COMPLÉMENT. — Comme particularité qu'offre le THALLE, je citerai :

1° Les *sorédies* (*soredia* Ach.), excroissance lépreuse qui se montre en amas partiels de poussière blanche, jaune ou verdâtre, au centre ou à la marge des thalles foliacés stériles. Cet état sorédifère paraît être le résultat d'un développement monstrueux ou d'une désagrégation accidentelle des couches épidermique et gonidique. Si les mêmes *Pulvinules* existent sur un thalle crustacé, elles constituent *l'état varioloïde,* nom tiré de l'ancien genre *Variolaria,* qu'on ne tient plus aujourd'hui pour légitime, et qu'on rapporte au genre *Pertusaria.* C'est surtout dans ce dernier genre qu'on rencontre communément des thalles dont les apothécies seules sont avortées et transformées en sorédies.

2° *Céphalodes* ou *céphalodies* (*cephalodia, cephalodium*). Ce sont des renflements globuleux, tuberculeux ou difformes du thalle, que présentent plus particulièrement les *Usnea*, les *Stereocaulon* et les *Ramalina*. Ces excroissances sont plus pâles que celles du reste de la surface du thalle, ce qui les fait ressembler à des apothécies *biatorines*. Ces excroissances ne sont pas assez connues pour qu'on puisse leur attribuer le rôle d'organe particulier.

3° *Cyphelles* (*cyphella* Ach.)

Ce sont de petites fossettes ou excavations arrondies, de couleur jaune ou blanche, qu'on remarque à la face inférieure du thalle de la plupart des sticta, et dont le rôle physiologique est encore inconnu. M. Nylander, dans son *Synopsis Lichenum*, 1858, page 14, pense que les cyphelles servent aux fonctions nutritives qui, dans les *sticta*, semblent atteindre un plus haut degré de développement que dans les autres Lichens.

USAGE DES LICHENS.

PROPRIÉTÉS NUTRITIVES. — La substance qui abonde principalement dans les Lichens foliacés et fruticuleux est la *Lichénine*, sorte de gélatine particulière à laquelle on a reconnu des propriétés nutritives. Dégagée de son principe amer par la macération et mêlée au lait, la *cladonie* donne une sorte de gelée nourrissante et d'un goût agréable. Bosc en a fait plusieurs fois l'expérience. (*Dictionnaire d'agriculture*, mot *Lichen*.)

Dans les régions boréales privées de toute autre végétation pendant les trois quarts de l'année, les Lichens, notamment la cladonie des rennes (*cladonia rangiferina*, *Hoffm*.) et la cladonie unciale (*cladonia uncialis*, *Hoffm*.), font la nourriture des animaux de travail.

M. Nylander nous apprend que, dans les régions septentrionales de la Norwège, on regarde les *cladonies* comme la meilleure nourriture des vaches, et que ces animaux les préfèrent même au foin.

PROPRIÉTÉS MÉDICINALES. — La médecine emploie avec succès la décoction ou la gelée du Lichen d'Islande (*cetraria Islandica*), dans les affections pulmonaires et dans les convalescences, comme aliment doux et réparateur tout à la fois. La variolaire (*Pertusaria communis*, Var. *sorediata*) est le meilleur succédané du quinquina (*Bossu*).

PROPRIÉTÉS TINCTORIALES. — Les propriétés tinctoriales des Lichens sont fort nombreuses ; elles ne préexistent pas dans la plante, mais elles se forment sous l'action des alcalis. Au premier rang sont l'orseille des teinturiers et l'orseille varec (*Roccella tinctoria et fusiformis*). L'orseille d'Auvergne (*Lecanora parella et tartarea*). Plusieurs autres espèces sont usitées en Suède.

ANALYSE DES LICHENS.

La loupe suffit pour les formes extérieures, la consistance, les couleurs et le facies des Lichens ; mais, lorsqu'il s'agit d'une détermination rigoureuse, il faut avoir recours au microscope. Le microscope simple pour les commençants est encore le plus commode, les grossissements qu'il donne avec les doublets de rechange peuvent varier depuis 10 jusqu'à 500 fois. Pour les Lichens, il est rare qu'on se serve de grossissements de plus de 300 fois, à moins d'en pousser l'étude très-loin. Quand on veut analyser un Lichen, on doit premièrement mouiller la partie à examiner. S'il s'agit d'étudier une apothécie, on détachera dans le sens vertical, avec le scalpel et une aiguille aussi fine que possible, un fragment de l'apothécie, qu'on placera sur le porte-objet du microscope ; cela fait, on l'imbibera légèrement d'eau pour pouvoir le diviser, et l'on apercevra facilement les *thèques*, les *spores* et les *paraphyses*.

Quand j'ai à analyser une apothécie très-petite ou, comme celles des *gialecta*, d'une consistance tendre, je mets l'apothécie entière sur une lame de verre, je l'imbibe légèrement d'eau, je la recouvre d'une autre lame de verre très-mince, je frotte les verres légèrement l'un contre l'autre, ce qui divise l'apothécie en plusieurs parties. C'est un moyen très-sûr de découvrir les spores ; le seul inconvénient est que les thèques sont quelquefois brisées.

M. Roumeguère dit que si l'on veut arriver à une analyse satisfaisante des apothécies, il faut ordinairement s'aider de l'action dissolvante des acides pour avoir raison de l'extrême cohérence des petites cellules de l'hypothecium. C'est ainsi que l'on désunira, en bien des cas, au moyen de l'acide sulfurique, les paraphyses et les thèques, et qu'on les débarrassera en même temps de la matière agglutinante interposée entre elles. Indépendamment de l'acide sulfurique, on emploie la solution de potasse caustique qui dissout, on le sait, les graisses et la matière intercellulaire.

Réactifs. — L'emploi de la solution aqueuse d'iode peut quelquefois aider à compléter l'analyse, à cause des colorations variées qu'elle produit ; mais son usage ne peut être prévu par des règles invariables. Des expériences nombreuses et répétés sur divers états ou diverses provenances, des sujets soumis à l'examen, peuvent seules former le jugement du botaniste [1]. Ce réactif colore le plus souvent en

---

[1] On peut obtenir des résultats divers sur le même type d'une solution plus ou moins forte. (C'est peut-être une des causes qui fait que les lich nologues ne sont pas d'accord sur la valeur des réactions. Les uns disent qu'elles sont d'un grand secours dans l'analyse, et les autres les rejettent complètement.) Chez les Lecan. rubra et Lecidea cinereovirens, l'hypothecium se colore sous l'influence, d'une très-faible solution d'iode ,en bleu clair ou presque

bleu le mucilage hyménial; quelquefois en rouge vin et plus rarement en jaune. Habituellement les thèques ne prennent pas une part appréciable à la coloration, qui affecte la partie supérieure des paraphyses ; cependant, en certains cas, leur sommet est coloré de la même manière que le mucilage hyménial. Les spores sont diversement colorées par l'iode ; mais c'est principalement l'épispore qui est atteint. Les spermaties passent généralement à la teinte brune. *Cryptogamie illustrée famm. des Lichens* donne la liste suivante des couleurs variées que l'on obtient régulièrement dans les analyses par l'emploi de la solution aqueuse d'iode.

On aura soin de distinguer les pycnides et quelques champignons parasites qui se montrent souvent sur le thalle de quelques Lichens. De même qu'il faudra éviter de rapporter au thalle ou à l'apothécie de certains Lichens les apothécies des espèces qui sont privées de thalle propre, tels que les *Lecidea episema*, Nyl., et *Lecidea micraspis*, smf. sur les *Lecanora cinerea var. calcarea, squamaria saxicola; Lecidea parasitica*, Flk., sur les *Pertusaria*, le *Lecanora Parella; Lecidea glaucomaria*, Nyl., sur le *Lecanora glaucoma*, le *Physcia parietina : Lecidea oxyspora*, Tul., sur le *Parmelia saxatilis ; Lecidea inquinans*, sur le *Bœomyces rufus ; Opegrapha anomea*, Nyl., sur le *variolaria amara* (Pertusaire), etc.

COULEURS.

BRUN : Les éléments du thalle et la matière verte des gonidies (*Cladonia pixidata*).

point ; au contraire, avec une solution plus forte en vineux très-vif, précédé d'une teinte bleue. Terme moyen du réactif employé : iode, 5 centigr.; iodure de potassium, 14 centig.; eau distillée, 20 grammes. On emploie quelquefois l'acide sulfurique concentré soit isolément, soit après l'iode dans la recherche des spores.

Brun jaunatre : Les éléménts du thalle, mais non la matière mucilagineuse (*Collémés*) ; spores (*Endocarpon sinopicum*) ; épispore et contenu de la spore (*Peltigera horizontalis* et *P. canina*) ; les paraphyses et les thèques (*Verrucaria actinostoma*) ; nucleus de la spore (*Physcia parietina*) ; la matière plastique des paraphyses (*Peltigera horizontalis*).

Jaune verdatre : La couche corticale (*Physcia ciliaris*).

Jaune : Les fibres centrales du thalle (*Evernia flavicans*) ; cellule interne de la paraphyse et matière organisable qui la remplit.

Jaune pale : Les paraphyses (*Collema lacerum, C. Jacobœfolium*).

Bleu très-foncé : La membrane cellulaire des gonidies (*Cladonia pixidata*) ; la membrane des thèques et des paraphyses, à l'exception des cellules terminales (*Physcia parietina*) ; thèques et paraphyses (*Peltigera horizontalis, Pertusaria*) ; mucilage hyménial, sommet des thèques (*Parmelia aipolia*) ; sommet des thèques (*Collema lacerum*).

Bleu vif : Couche corticale (*Evernia flavicans*) ; mucilage hyménial, thèques et paraphyses (*Verrucaria immersa et v. tephroïdes*) ; hypothecium (*verrucaria actinostoma*).

Bleu : Eléments du thalle (*Chlorea vulpina*) ; gélatine hyméniale et paraphyses (*Endoc. sinopicum, Peltigera aphthosa* et autres *Peltig.*) ; gélatine hyméniale, thèques et paraphyses (*Lecidea morio, calicium turbinatum*) ; gélatine hyméniale et spores (*Graphis cometia*) ; les spores de la section des graphidées, dont le *Graphis scripta* est le type ; membrane des thèques avant la maturité des spores (*Lecanactis urceolata*).

Bleu pale mêlé de jaunatre : Thèques (*Verrucaria atomaria*) ; spores (*Placodium murorum*).

Violet : Spores du *Lecanactis montagnei*.

Rose : Spores des *Thrypethelium uberinum, Myriangium Duriœi.*

Parties insensibles a l'action de l'iode : La matière verte de l'épiderme du *Chlorea vulpina ;* membrane de la thèque (*Endocarpon sinopicum*) ; spores (*Peltigera aphthosa*) ; mucilage hyménial (*Pertusaria communis* et *P. Wulfenii, Verrucaria gemmata*) ; la membrane des thèques lorsque la maturité des spores est accomplie (*Lecanactis urceolata*) ; la matière incolore qui réunit les deux nucleus de la spore (*Physcia parietina*), spores genre *Pertusaria*; la gélatine hyméniale et les spores *Graphis Afzelii*).

OUVRAGES LICHENOGRAPHIQUES CONSULTÉS

Ach. syn. **Acharius,** *Synopsis methodica Lichenum,* Lundæ, 1814.

Dub. **Duby,** *Esquisse des progrès de la cryptogamie,* Genève, 1858.

D C. **De Candolle,** *Flore française,* 3e édition, Paris, 1805. (Vol. 6, 1815.)

Hepp. **Hepp,** *Die Flechten Europas.* Zurich, 1853-1869.

Krb. **Korbœr,** *Systema,* Bresl., 1855, et Parerga, 1859-1860.

Malb. **Malbranche,** *Lichens de la Normandie,* Rouen, 1867.

Müll. **Müller,** *Lichens des environs de Genève.* 1862.

Nyl. **Nylander** (le docteur W.), toutes ses publications sur les Lichens.

Roum. **Roumeguère,** *Cryptogamie illustrée,* Paris, 1868.

Je dois surtout des remerciements à MM. Malbranche, Müller et Nylander, pour la bonté avec laquelle ils m'ont accueilli et les conseils qu'ils ont bien voulu me donner.

CLASSIFICATION DES LICHENS

DE

MM. DE LAMARCK & DE CANDOLLE

(FLORE FRANÇAISE, 3ᵉ ÉDITION, 1805)

MÉTHODE D'ANALYSE POUR ARRIVER AUX GENRES

PREMIÈRE DIVISION, CROUTE FORMÉE DE GLOBULES.

Réceptacles pulvérulents placés sur une croûte
peu adhérente.

* Réceptacles nuls. ... . *Lepra*, page 322.
** Réceptacles pulvérulents.
1° Poussière des réceptacles de
la couleur de la croûte .... *Variolaria*, p. 324.
2° Poussière des réceptacles
d'une couleur différente....... *Coniocarpon*, p. 323.

DEUXIÈME DIVISION, CROUTE GRENUE.

Réceptacles non pulvérulents. — Réceptacles en tubercules
ou en écussons, sessiles ou pédonculés, insérés sur une
simple croûte grenue.

1° Réceptacles charnus, quelquefois rougeâtres et souvent
pédicellés .... *Bæomyces*, p. 341.

2° **Réceptacles** coriaces toujours sessiles.............. .... *Patellaria*, p. 345.

3° **Réceptacles** subéreux noirs, plans ou en forme de petite coupe, ordinairement pédonculés .... *Calicium*, p. 343.

TROISIÈME DIVISION, ECAILLES FOLIACÉES.

Réceptacles en écussons placés entre ou sur les écailles foliacées, écailles adhérentes ou appliquées à la surface qui les supporte.

† Réceptacles placés sur les écailles.
* Réceptacles enfoncés dans la croûte, au moins dans leur jeunesse.

1° Réceptacles concaves entourés d'une bordure.... .... *Urceolaria*, p. 370.

2° Réceptacles globuleux, caducs *Volvaria*, p. 373.

** Réceptacles superficiels, même à leur naissance, rosette irrégulière formée d'écailles .... *Squamaria*, p. 374.

†† Réceptacles placés entre les écailles ou sur leurs bords.

1° Réceptacles placés entre les écailles....................... *Rhizocarpon*, p. 365.

2° Réceptacles placés sur le bord des écailles.................. *Psora*, p. 367.

QUATRIÈME DIVISION, FEUILLES.

Réceptacles insérés sur des feuilles.

PREMIÈRE SOUS-DIVISION. — Plante d'une consistance géla- tineuse ...., ... *Collema*, p. 381.

DEUXIÈME SOUS-DIVISION. — Plante d'une consistance non gélatineuse.

† Feuilles adhérentes ou appliquées à la surface qui les supporte

Plante composée de folioles, qui ne sont visibles que sur les bords, rosette régulière adhérente, poudreuse au milieu...................... *Placodium*, p. 377.

Plante toute formée de folioles imbriquées et distinctes......... *Imbricaria*, p. 385.

†† Feuilles libres droites ou en touffes.

* Réceptacles enfoncés dans la ·feuille .... *Endocarpon*, p. 413.

** Réceptacles superficiels.

A Réceptacles adhérents seulement par leur centre.

a Plante noirâtre et comme charbonnée; réceptacles souvent ridés, plissés en spirale......... *Umbilicaria*, p. 408.

b Plante presque jamais charbonnée ; réceptacles jamais plissés en spirale.

1° Feuilles velues ou hérissées en-dessous .... *Lobaria*, p. 402.

2° Feuilles glabres en-dessous et quelquefois les deux surfaces semblables (*concolores*).......... *Physcia*, p. 395.

B Réceptacles adhérents par toute leur surface inférieure sur les feuilles à surfaces différentes.

1° Surface inférieure munie de petites fossettes glabres et arrondies (*cyphelles*)............... *Sticta*, p. 404.

2º Surface inférieure non munie
de petites fossettes arrondies .... *Peltigera*, p. 405.

CINQUIÈME DIVISION, TIGES.

Plantes semblables à des tiges réceptacles en tubercules
ou en écussons.

TIGES PLEINES.

† Réceptacles placés au sommet des tiges.

* Réceptacles globuleux.

1º Réceptacles blanchâtres..... *Isidium,* p. 327.

2º Réceptacles pleins d'une pous-
sière noirâtre................. *Sphærophorus,* p. 327.

** Réceptacles en forme d'écus-
son.

1º Tiges lisses ou chargées çà et
là d'un peu de poussière ou de
paquets poudreux............. *Cornicularia,* p. 328.

2º Tiges toutes couvertes de tu-
bercules grenus............... *Stereocaulon,* p. 328.

†† Réceptacles épars le long des
tiges.

1º Tiges revêtues d'une espèce
d'écorce distincte............. *Usnea,* p. 332,

2º Tiges non revêtues d'écorces,
couvertes d'une poudre glauque
adhérente.................... *Roccella,* p. 334

TIGES FISTULEUSES.

1º Tiges percées au sommet... *Helopodium,* p. 341.
2º Tiges évasées en entonnoir.. *Scyphophore,* p. 327.
3º Tiges ni trouées ni évasées au
sommet..................... *Cladonia,* p. 335.

Dans ce système de classification, on voit que D C. (1805) distribuait les Lichens en 5 grandes divisions [1] : 1° *Croûte formée de globules ;* 2° *Croûte granuleuse ;* 3° *Ecailles foliacées ;* 4° *Feuilles* [2] ; 5° *Tiges.* Ce système était admirable avant la connaissance de la structure interne des fruits, des spermogonies et de leur contenu, ce qui fait que dans quelques genres on a ajouté ou retiré des espèces, de sorte que certains genres ne possèdent plus ou presque plus des espèces qui les composaient. Cependant, la *Flore française* de D C. peut encore rendre des services quand il ne s'agira que des caractères extérieurs, surtout des belles et grandes espèces. Sa méthode d'analyse peut même suffire pour donner une idée de cette famille à un commençant qui n'a ni professeur, ni collections, et ce moyen n'est pas sans charme. J'ai pu en juger par moi-même : il m'a suffi pour me mettre en état de me servir des nouveaux systèmes pour l'analyse des Lichens.

Indication de la répartition des genres de D C. dans ceux des Lichens de la Marne. (Les numéros 22, 24, 26, de D C. n'existent pas dans la Marne.)

Genres D C.	Genres des Lichens de la Marne.
1. Lepra................	Thalle stérile.
2. Variolaria.............	Pertusaria.
3. Coniocarpon...........	Arthonia.
4. Bœomyces.............	Bœomyces.
5. Patellaria..	{ Lecanora. { Lecidea.

[1] Ces divisions ne comprennent pas les genres *opegrapha, verrucaria* et *pertusaria,* qui sont reportés par l'auteur à côté des *hypoxylons.*

[2] D C. donne le nom de *feuilles* dans les Lichens aux expansions dont les surfaces sont dissemblables, et regarde comme des *tiges* comprimées celles où elles sont semblables.

Genres D C.	Genres des Lichens de la Marne.
6. Calicium............	Calicium.
7. Urceolaria...........	Urceolaria. Lecanora.
8. Volvaria............	Lecidea.
9. Squamaria..........	Lecanora.
10. Rhizocarpon....	Lecidea.
11. Psora.............	
12. Collema..........	Collema. Leptogium.
13. Placodium..........	Lecanora.
14. Imbricaria..........	Parmelia. Physcia.
15. Physcia............	Physcia. Evernia. Ramalina.
16. Lobaria...........	Sticta.
17. Sticta............	
18. Umbilicaria.........	
19. Endocarpon..........	Endocarpon.
20. Peltigera..........	Peltigera.
21. Isidium....	
22. Sphærophorus........	
23. Cornicularia....	Cetraria. Alectoria.
24. Stéréocaulon........	
25. Usnea............	Usnea.
26. Roccella...........	
27. Cladonia...........	Cladonia.
28. Scyphophorus........	
29. Hélopodium..........	

SYSTÈME DE NYLANDER.

PRODROMUS LICHINOGRAPHIÆ SCANDINAVIÆ 1861.)

DISPOSITIO SYSTEMATICA.

CLASSIS LICHENUM.

Fam. I. COLLEMASEI.

GENERA.

Trib. I. *Lichinei*.........	1. Gonionema, Nyl.
	2. Spilonema, Born.
	3. Ephebe, Fr.
	4. Lichina, Ag.
	5. Pterygium, Nyl.
Trib. II. *Collemei*..	6. Synalissa, D R.
	7. Pyrenopsis, Nyl.
	Paulia, Fée.
	Omphalaria, D R.
	8. Collema, Ach.
	9. Leptogium, Fr.
	Hydrothyria, Russ.
	Obryzum, Wallr.
	10. Phylliscum, Nyl.
	Heterina, Nyl.

Fam. MYRIANGIACEI.

(TRIB. I. MYRIANGIEI : MYRIANGIUM MUT. ET BERK.)

Fam. II. LICHENACEI.

GENERA.

Series I. EPICONIODEI.	TRIB. I. *Caliciei*	11. Sphinctrina, Fr.
		12. Calicium, Ach.
		13. Coniocybe, Ach.
		14. Trachylia, Fr.
		Pyrgillus, Nyl.
	TRIB. II. *Spœrophorei*......	15. Sphœrophoron, Pers
		Acroscyphus, Lév.
		Gomphillus, Nyl.
Series II. CLADONIODEI.	TRIB. III. *Bœomycei*	16. Bæomyces, Pers.
		Glossodium, Nyl.
		Thysanothecium, Berk.
	TRIB. IV. *Cladoniei*.......	17. Cladonia, Hoffm.
		18. Pilophoron, Tuck.
	TRIB. V. *Stereocaulei*......	19. Stereocaulon, Schreb.
		Argopsis, Th.-Fr.
Series III. RAMALODEI.	TRIB. VI. *Roccellei*.......	Roccella, Bauh.
	TRIB. VII. *Siphulei*	20. Siphula, Fr.
		Thamnolia. Ach.
	TRIB. VIII. *Usneei*..........	21. Usnea.
		Neuropogon, N. et Flot.
		22. Chlorea, Nyl.
Series III. RAMALODEI.	TRIB. IX. *Ramalinei*.......	23. Alectoria, Ach.
		24. Evernia, Ach.
		Dufourea, Ach.
		Dactilina, Nyl.
		25. Ramalina, Ach.
	TRIB. X. *Cetrariei*.........	26. Cetraria, Ach.
		27. Platysma, Hoffm.

GENERA.

Series IV. PHYLLODEI.

TRIB. XI. *Pelligerei* . . . .
- 28. Nephroma, Ach.
- 29. Nephromium, Nyl.
- 30. Peltigera, Hoffm.

TRIB. XII. *Parmeliei* . . . . . .
- 31. Solorina, Ach.
- 32. Stictina, Nyl.
- 33. Sticta, Ach. Nyl.
- 34. Ricasolia, D. N.
- Everniopsis, Nyl.
- 35. Parmelia, Ach.
- 36. Physcia, Fr.

TRIB. XIII. *Gyrophorei* . . . .
- 37. Umbilicaria, Hoffm.

TRIB. XIV. . . . .
- Pixine, Fr.

Series V. PLACODEI.

TRIB. XV. *Lecanorei* . . . . . .
- 38. Psoroma, Fr.
- Gymnoderma, Nyl.
- 39. Pannaria, Del.
- Coccocarpia, Pers.
- Erioderma, Fée.
- Heppia, Nœg.
- Cora, Fr.
- Dichonema, Nab.-Es.
- 40. Amphiloma. Fr.
- 41. Squamaria, D C.
- 42. Placodium, D C.
- 43. Lecanora, Ach.
- Glypholecia, Nyl.
- Peltula, Nyl.
- Dermatiscum, Nyl.
- 44. Urceolaria, Ach.
- Dirina, Fr.
- 45. Pertusaria, D C.
- 46. Varicellaria, Nyl.
- 47. Phlyctis, Wallr.
- 48. Thelotrema, Ach.
- Acidium, Fée.
- Gymnotrema, Nyl.
- Belonia, Korb.

TRIB. XVI. *Lecideei* . . . .
- Cœnogonium, Ehrnh.
- Byssocaulon, Ment.
- 49. Lecidea, Ach.
- Gyrothecium, Nyl.
- 50. Odontotrema, Nyl.

GENERA.

		GENERA.
Series V. (Suite). PLACODEI.	TRIB. XVII. *Hylographidei*..	Lithographa, Nyl.
		Hylographa, Fr.
		51. Agirium, Fr.
	TRIB. XVIII. *Graphidei*.. ..	52. Graphis, Ach.
		Thelographis, Nyl.
		Helminthocarpon, Fée.
	TRIB XVIII. *Graphidei*.....	Leucographa, Nyl.
		53. Opegrapha, Ach.
		54. Platygrapha, Nyl.
		Stigmatidium, Mey.
		55. Arthonia, Ach.
		56. Melaspilea, Nyl.
		Lecanactis, Eschw.
		Schizographa, Nyl.
		Glyphis, Ach.
		Chiodecton, Ach.
		Mycoporum, Flot.
Series VI. PYRENODEI.	TRIB. XIX. *Pyrenocarpei*...	Thelocarpon, Nyl.
		57. Normandina, Nyl.
		58. Endocarpon, Hedw.
		59. Verrucaria, Pers.
		60. Limboria, Fr.
		Thelenella, Nyl.
		Endococcus, Nyl.
		Thelopsis, Nyl.
		Strigula, Fr.
		Sarcopyrenia, Nyl.
		Melanotheca, Fée.
		Trypethelium, Ach.
		Astrothelium, Eschw.

On voit dans cette classification que M. Nylander divise les Lichens connus en trois grands groupes qu'il appelle familles. La première, *Collémacés ;* la deuxième, *Myrian-giacés*, réduite au seul genre *Myriangium*, dont on connaît deux espèces ; et la troisième, *Lichenacés*.

Ces trois groupes se divisent en six séries, réparties en vingt-deux tribus renfermant elles-mêmes cent treize genres.

TERMES EMPLOYÉS

Pour distinguer les Spores des Planches 1, 2 et 3.

SPORES.   Nᵒˢ DES SPORES.

Sphéroïdes ou globuleuses..........	10, 11[b]
Ovoïdes.......................	18, 25
Ellipsoïdes.....................	14, 15
Sub-Ellipsoïdes.	1, 20, 31
Oblongues.....................	16, 42
Fusiformes....................	6
Fusiformes sub-aciculaires.........	24
Aciculaires et bacillaires.......	6 [a. b. c.]

Incolores	1, 2
Brunes.....................	9 [a. b.]

SIMPLES.

Uniloculaires...................	1

CLOISONNÉES.

Uniseptées.....................	⎫ 44·, 22
Biloculaires...................	⎭
Pluri-septées..................	2, 6 , 23
Polari-biloculaires...............	27, 32
Quadri-loculaires..............	27
Murales *(ou parenchymateuses)*......	35, 7
Renfermant plusieurs nucleus.......	6·.

Système de Classification
des Lichens d'Europe
par
le Docteur Rège et Nagel.

A. Cladoniaceae
I. Cladonieae
  1. Cladonia   1
II. Stereocauleae
  2. Stereocaulon   2

B. Lecideaceae
III. Umbilicarieae
  1. Gyrophora   3
  2. Umbilicaria   4
IV. Biatoreae
  3. Baeomyces   5
  4. Biatora   6
  5. Gyalecta   7
  6. Mycoporum   8
  7. Lecidea   9

C. Calicieae
V. Calicieae
  1. Coniocybe   10

  2. Cyphelium   11
  3. Calicium   12

D. Opegraphaceae
VI. Opegrapheae
  1. Opegrapha   13

E. Parmeliaceae
VII. Usneae
  1. Usnea   14
  2. Evernia   15
  3. Ramalina   16
  4. Roccella   17
  5. Borrera   18
  6. Physma   19
VIII. Collemeae
  7. Collema   20
IX. Peltigereae
  8. Nephroma   21
  9. Solorina   22
  10. Nephroma   23
  11. Peltigera   24
X. Imbricarieae
  12. Imbricaria   25
  13. Sticta   26
  14. Parmelia   27
  15. Soloria   28
XI. Lecanoreae
  16. Omphalaria   29

  17. Rhizospora   30
  18. Icmadea   31
  19. Glaucodium   32
  20. Psilolechia   33
  21. Rinna   34
  22. Lecanora   35
XII. Collemeae
  23. Collema (en Nage)   36
  24. Synalissa (Fries)   37
  25. Synechoblastus (Trevis)   38

F. Sphaerophoraceae
XIII. Sphaerophoreae
  1. Sphaerophoron   39
XIV. Lichineae
  2. Lichina   40

G. Verrucariaceae
XV. Verrucarieae
  1. Endocarpon   41
  2. Sagedia   42
  3. Verrucaria   43
  4. Sagedia   44
  5. Pleurospora   45
  6. Thalotrema   46
XVI. Pyrenuleae
  7. Pyrenula   47

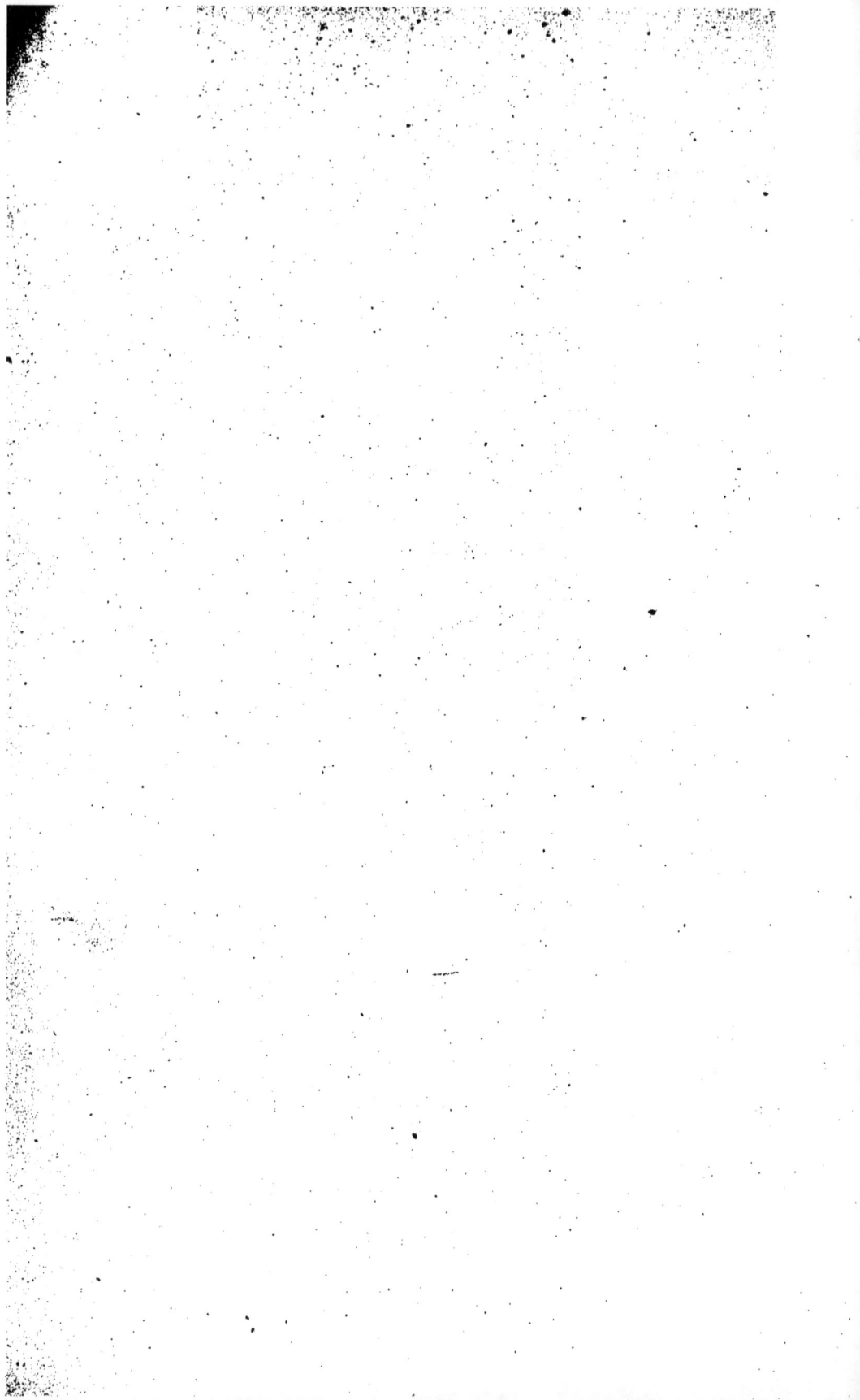

APERÇU DES PRINCIPAUX GENRES

QUI SE FONDENT DANS L'UN OU DANS L'AUTRE DE CES DEUX
SYSTÈMES.

(Syst. de Hepp. fl. E. 1855-1867.)

(Syst. Nylander. Prod. lich. scand. 1861.)

CALICIÉS, Nyl. . . . . .
Le genre *Sphinctrina* Nyl., rentre dans le genre *Cyphelium* de Hepp.
Le genre *Trachylia* Nyl., rentre dans le genre *Calicium* Hepp.
Le genre *Cyphelium* Hepp, rentre dans le genre *Calicium* Nyl.

USNÉS, Nyl. . . . .
Le genre *Chlorea* Nyl., rentre dans le genre *Evernia* de Hepp.

CETRARIÉS, Nyl. . . . .
Le genre *Platisma* Nyl., rentre dans le genre *Cetraria* Hepp.

PARMELIÉS, Nyl. . . .
Le genre *Stictina* Nyl., rentre dans le genre *Sticta* Hepp.
Le genre *Imbricaria* de Hepp, rentre dans le genre *Parmelia* Nyl., et quelques espèces dans le genre *Physcia* Nyl.
Les genres *Lobaria*, *Physcia*, *Borrera* et *Parmelia* de Hepp, rentrent dans le genre *Physcia* Nyl.

GYROPHORÉS, Nyl. . .
Les genres *Umbilicaria* et *Gyrophora* de Hepp, rentrent dans le genre *Umbilicaria* de Nyl.

LECANORÉS. . . . .
La plus grande partie du genre *Amphiloma* de Hepp, rentre dans le genre *Pannaria* et une espèce dans le genre *Cococarpia* Nyl.
La plus grande partie du genre *Squamaria* de Nyl., rentre dans le genre *Lecanora* Hepp.
Quelques espèces du genre *Placodium* Hepp sont reportées dans le genre *Lecanora* Nyl.
Le genre *Myriospora* Hepp, rentre dans le genre *Lecanora* Nyl.

LECANORÉS........ {
Le genre *Patellaria* Hepp, rentre dans le genre *Lecanara* Nyl. Excepté le *Patellaria candidans*, qui rentre dans le genre *Placodium* Nyl.

Le genre *Psora* de Hepp, rentre dans les genres *Lecanora* et *Lecidea* Nyl.

Les genres *Biatora*, *Gialecta*, *Myriosperma* et *Lecidea* Hepp, rentrent dans le genre *Lecidea* Nyl.
}

PYRÉNOCARPÉS. .... {
La plupart des espèces des genres *Verrucaria-Sagedia* et *Pyrenula* Hepp, rentrent dans les *Verrucaria* Nyl.

Le genre *Phaeospora* de Hepp, au nombre de trois, sont des espèces parasites exclues des *Lichens* par quelques Lichenologues.

Ph. Rimosicola Hepp, Parasite sur le thalle du *Lecidea Petrœa*.
}

Ph. Gemmifera (Tayl.), Parasite sur le thalle du *Biatora crustulata*.

Ph. Arnoldi Hepp, Parasite sur le thalle de l'*Urceolaria scruposa*.

Je donne dans ce travail les caractères et les principaux usages des Lichens, ainsi que la description des grandes divisions et des genres. J'ai pris pour guide MM. Roumeguère, *Cryptogamie illustrée*, *famille des Lichens*, 1868, et Malbranche, *Lichens de la Normandie*, qui ont eux-mêmes suivi le système de classification et de description de M. Nylander.

Tout en conservant les genres admis par le savant suédois, j'ai fait dans chaque genre des coupes qui permettront d'arriver souvent à l'espèce sans le secours d'aucun autre ouvrage descriptif. Ce travail a surtout pour but de faciliter les recherches aux personnes qui voudraient compléter cette partie de la flore de la Marne. Dans cette vue, j'ai indiqué avec le plus de précision possible la station et l'habitat. Il y a encore de bonnes contrées à explorer, surtout pour les espèces saxicoles : la montagne de Reims, Montmirail, les environs de Fismes, Port-à-Binson jusqu'à la frontière de l'Aisne. Je me propose de publier plus tard un supplément, et je serais reconnaissant aux botanistes qui voudraient bien me communiquer leurs découvertes. Il y a plusieurs années que je passe la plus grande partie de mon temps aux recherches et à l'analyse des Lichens de notre département. J'en ai collectionné 277 espèces ou variétés [1], qui sont à la disposition de tous les naturalistes qui voudront s'occuper de cette famille des cryptogames. Je suis loin d'avoir la prétention de donner une liste complète des Lichens qui croissent dans notre département ; outre les espèces qui ont échappé à mes recherches, j'ai omis volontairement toutes celles dont les caractères n'étaient pas suffisants pour les déterminer avec certitude. Je présente avec confiance ce travail aux botanistes, M. Nylander ayant bien voulu soumettre au microscope les espèces douteuses.

[1] Pour faciliter les recherches, j'ai mis les espèces et les variétés dans une même série de numéros, comme l'ont fait le docteur Hepp, *Flech. Europ.*, et Roumeguère, *Cryptogamie illustrée*.

Fam. I. COLLÉMACÉS.

Thalle non stratifié gélatineux à l'état frais. Tribu unique .... COLLÉMÉS.

1. Collemopsis, Nyl.
2. Collema, Ach.
3. Leptogium, Fr.

Fam. II. LICHÉNACÉS.

THALLE STRATIFIÉ NON GÉLATINEUX.

		Séries.	Tribus.	Genres.
I. CAPITÉS Apothécies globuleuses ou turbinées stipitées.	1° Apothécies globuleuses ou turbinées stipe filiforme (d'une longueur de 1/3, 4mm environ), spores s'accumulant en une masse cohérente ou pulvisculaire.	I. EPICONIODÉS...........	1 Caliciés...........	1 Calicium, Ach. 2 Coniocybe, Ach.
	2° Apoth. convexes biatorines, insérées sur des supports creux ou solides, généralement cylindriques, souvent garnis de folioles ou squamules.	II. CLADONIODÉS... ...	2 Bœomycés........... 3 Cladoniés........... 4 Usnés...........	3 Bœomyces, Pers. 4 Cladonia, Hoffm. 5 Usnea, Hoffm.
	1° Thalle fruticuleux ou fruticuleux-phylloïde *(dépourvu de folioles ou squamules)* (THAMNOBLASTŒ Muller).	III. RAMALODÉS...........	5 Alectoriés........... 6 Everniés........... 7 Ramalinés........... 8 Cétrariés........... 9 Peltigérés...........	6 Alectoria ·Ach. 7 Evernia, Ach. 8 Ramalina, Ach. 9 Cetraria, Ach. 10 Peltigera, Hoff.
II. DISCOCARPÉS Apothécies formant un disque concave, plan ou convexe, rond ou allongé.	2° Thalle à expansions foliacées, généralement horizontales souvent garnies de rhizines (PHYLLOBLASTŒ Muller).	IV. PHYLLODÉS...........	10 Stictés........... 11 Parmeliés........... 12 Physciés...........	11 Sticta, Ach. 12 Parmelia, Ach. 13 Borrera, Ach. 14 Xanthoria, Fr. 15 Physcia, Hepp. 16 Pannaria, Nyl.
		V. PLACODÉS...........	13 Lécanorés........... 14 Lécidés........... 15 Graphidés..	17 Lecanora, Ach. 18 Urceolaria, Ach. 19 Pertusaria, D C. 20 Phlyctis, Wallr. 21 Lecidea, Ach. 22 Graphis, Ach. 23 Opegrapha, Ach 24 Arthonia, Ach. 25 Melaspilea, Nyl.
III. VERRUCARIOIDÉS *(Schœrer)*, Apoth. globuleuses ou coniques hémisphériques non stipitées.	3° Thalle crustacé amorphe, rarement à rayons distincts sur son bord ou squamiforme (KRYOBLASTŒ Muller).			
	Thalle crustacé, ou pelté squamiforme à accroissement horizontal, attaché par un coussin central.	VI. PYRÉNODÉS, Nyl.......	16 Pyrénocarpés.......	26 Endocarpon, Hedv. 27 Verrucaria, Pers.

Cette classification est celle de Nylander, **Prod. Lich. sc.**
1861, sous les modifications ci-après :

Le genre *Pyrenopsis*, remplacé par le genre *Collemopsis ;*

Les genres *Squamaria* et *Placodium*, placés dans le genre
Lecanora.

. Quatre tribus ajoutées :

1' *Alectoriés*, au détriment de la tribu *Ramalinés ;*
2° *Everniés*, au détriment de la tribu *Ramalinés ;*
3° *Stictés*, au détriment de la tribu *Parmeliés ;*
4° *Physciés*, au détriment de la tribu *Parmeliés .*

Deux genres ajoutés dans la tribu des **Physciés**, le genre
Borrera et le genre *Xanthoria.*

Plusieurs espèces de cette énumération n'existent pas
dans la *Flore française* ; je citerai seulement trois espèces
nouvelles à la *Flore universelle* :

1. *Collemopsis cœsia*, sur les rochers, à Grauves, 1874 ;

81. *Physcia tribacella*, sur les pierres du pont des Fla-
miers, Châlons, 1872.

264. *Verrucaria rivulicola*, sur les pierres calcaires (craie),
sous l'eau de la Somme-Soude, à Lenharrée, 1874.

Fam. I. — COLLÉMACÉS.

Thalle de forme variée, noir, brun ou olivâtre, rarement
de couleur cendrée. Gonidies disposées en chapelet ou
placées sans ordre dans la substance gélatineuse du thalle ;
éléments cellulaires rares. Apothécies quelquefois endocarpées, plus souvent lécanorines ou biatorines, souvent
rousses ou testacées (discolores), rarement noires.

Le thalle est dans plusieurs espèces recouvert de granulations ; lorsqu'elles sont fines et nombreuses, on dit le thalle furfuracé.

Trib I. COLLÉMÉS.

Thalle très-variable, membraneux, lobé-lacinié, quelquefois fruticuleux, gonflé ou pulpeux étant humide, ferme quand il est sec ; apothéc'es lécanorines ou biatorines, rarement endocarpées. Grains gonidiaux épars, réunis en chapelet ou diversement agglomérés. Plante se rapprochant des *Nostocs.*

I. COLLEMOPSIS. Nyl.

Thalle cartilagineux, granulé aréolé, fragile (quelquefois pulvérulent), lâchement celluleux. Apothécies innées ou urcéolées. — Spores simples.

1. C. CÆSIA. Nyl. le décrit ainsi dans le journal *la Flora de Ratisbonne,* N° 3, 1875, page 7 :

« Accedit ad *Collemopsen ripariam* (Arn.) sed thallus cæsius, apothecia rufescentia et sporæ nonnihil aliæ (longit. 0,015 — 19 millim., crassit. 0,007 — 8 millim.). Jodo gelatina hymenialis dilute cœrulescens, dein thecæ fulvescentes.

» Supra saxa calcarea aprica prope Epernay in Gallia. » (Brisson.) Grauves, non loin de l'Eglise.

II. COLLEMA. Ach. (pr. p.) Nyl.

Thalle très-variable, granuleux, membraneux ou gélatineux ; sans aucune apparence de couche celluleuse corticale et offrant habituellement des grains gonidiaux réunis en chapelet. Apothécies brunes ou rougeâtres, lécanorines, rarement biatorines ou endocarpées. — Spores multiloculaires (excepté dans le *C. chalazanum*) ; stérigmates simples ou articulés (arthrostérigmates) ; spermaties courtes.

La distinction des espèces est assez difficile et il faut une attention soutenue et très-souvent la comparaison des spécimens pour ne pas les confondre.

† Spores ovoïdes elliptiques.

a Thalle à divisions *épaisses*, gonflées à l'état humide.

2. C. PULPOSUM. Ach. *Syn.* p. 311. Nyl. *l. sc.* 30, commun sur la terre et les rochers, etc.

b Thalle à divisions rameuses *planes*.

3. C. MOELENUM, Nyl. *l. sc.* p. 29. *C. Jacobeœfolium.* D C. *fl. fr. 2.* p. 384 ; *C. multifidum* Krb. commun sur la terre parmi les mousses, dans les pins et les rochers.

c Thalle très-petit, formant de petites masses rapprochées.

4. C. MICROPHYLLUM. Ach. *Syn.* p. 310 ; Nyl. *l. Par.* p. 5 ; *Syn.* p. 113 ; *collema nigrescens* v. *microphyllum* Sch. *En.* p. 251. Sur l'écorce des arbres, rare ; je l'ai vu sur le thalle d'un pertusaria terricole, pâtis d'Oger à Giongos.

†† Spores étroites fusiformes.

a Thalle (fronde) dépassant 3 centimètres de diamètre.

5. C. NIGRESCENS. Ach. *Syn.* p. 321 ; Nyl. *l. sc.* 31 ; D C. *fl. fr. 2.* p. 384.

Sur les troncs dans les lieux frais, où il est commun à l'état fuligineux stérile.

b Thalle (fronde) ne dépassant pas 2 centimètres de diamètre.

6. C. CONGLOMERATUM. Hffm. *Fl. germ.* p. 102. Nyl. *Syn*, p. 115. *C. fasiculare* v. *conglomeratum.* Sch. *En.* p. 253. Sur les noyers, frênes, Châlons, etc.

III. LEPTOGIUM. F. Nyl.

Thalle fort varié, tantôt crustacé, tantôt foliacé, lobé ou découpé, créné, incisé. L'analyse du tissu montre les grains gonidiaux occupant la substance gélatineuse en séries moniliformes ou s'entrelaçant dans les cavités tubuleuses du

alle ; la couche corticale est ordinairement formée par de
nples cellules assez distinctes ; mais il y a très-peu
spèces dans lesquelles tous les éléments du thalle soient
organisation cellulaire proprement dite. Apothécies léca-
rines. Spores multiloculaires comme dans le genre pré-
dent ; rarement simples. Mucilage hyménial presque
ujours coloré en bleu par l'iode. Spermogonies enfoncées
ns le thalle et possédant des arthrostérigmates.

Thalle mince, de couleur plombé noirâtre ou cendré
ombé-glaucescent.

7. L. LACERUM. (Fr.) *l. sc.* p. 33 ; *collema atrocœruleum*
h. *En.* p. 248.
Sur la terre, parmi les mousses, dans les bois, pins, etc.

8. V. PULVINATUM. Nyl. *l. sc.* p. 34.
Sur la terre et les troncs, parmi les mousses.

Fam. II. — LICHÉNACÉS.

Thalle varié de couleur (blanc, cendré, jaunâtre, jaune,
ugeâtre, orangé, marron, très-rarement noir) ; mais plus
rié encore de formes (filamenteux, foliacé, squameux,
ustacé, pulvérulent ou même nul) ; nulle substance géla-
euse ne pénètre ses éléments. Couche gonidiale distincte,
plus souvent formée de gonidies *(chlorophylle verte)* ou
chrysogonidies *(chlorophylle jaune orangée)*, et, dans un
tit nombre d'espèces, de grains gonidiaux. Apothécies sti-
ées ou sessiles, alors lécanorines, lécidéines ou pyréno-
es. Thalamium ordinairement muni de paraphyses.

I. CAPITÉS.

Les apothécies sont plus ou moins globuleuses, insérées
forme de tête sur des rameaux généralement cylindriques

ou sur des pédoncules particuliers. Dans la série ÉPICONIODÉS, les supports sont petits, aciculaires.

Sér. 1. EPICONIODÉS.

Apothécies placées sur un support formé soit par le thalle, soit par l'hypothecium, rarement sessile ; spores petites, libres à la maturité, et réunies comme une sorte de poussière à la surface de l'hymenium, où elles forment une couche plus ou moins épaisse, et dont la dispersion successive s'effectue à l'aide de l'eau pluviale.

Trib. 1. CALICIÉS.

Caractères de la série.

I. CALICIUM.

Thalle crustacé ou crustacé-pulvérulent, très-mince ou fruste, rarement squamuleux ou nul (sur les bois dénudés ou putrides) ; apothécies ordinairement stipitées et noires, parfois pruineuses et diversement colorées (sessiles dans quelques espèces que je crois étrangères à notre région) ; capitules globuleux ou turbinés. Spores sphériques, ellipsoïdes ou oblongues, simples ou cloisonnées. *Pl.* 2, *fig.* 11, *a* et *b.* Stérigmates presque simples ; spermaties courtes et oblongues

Spores ellipsoïdes brunâtres, à une cloison ; masse sporale noire.

9. C. TRACHELINUM. Ach. *C. salicinum* Mougeot ; *C. hyperellum* v. *salicinum* Sch. *En.* p. 167 ; *C. clavellum* D C. *Fl. fr.* 2 p. 344.
Sur les arbres dénudés et dans l'intérieur des vieux saules.

10. C. PUSILLUM (Flk.) Nyl. *l. sc.* p. 42 ; *C. subtile* Fr. *L. E.* p. 388 ; *C. nigrum* v. *pusillum* Sch. *En.* p. 169. J'ai

trouvé cette espèce sur l'écorce saine, mais vieille et cre-
vassée des pins, à Coolus ; rare.

II. CONIOCYBE. Ach. Fr. Nyl.

Thalle pulvérulent indéterminé, léprarioïde ; apothécies
pâles, jaunâtres ou livides, rarement noirâtres, longuement
stipitées, à capitule en coupe ; masse sporale abondante,
globuleuse, pulvérulente ; spores globuleuses, simples incolores ou jaunâtres, jamais noirâtres. *Pl.* 2, *fig.* 11 *b.* Spermogonies inconnues.

11. C. FURFURACEA. Ach. Nyl. *l. sc.* p. 43 ; *C. sulphureum*
D C. *Fl. fr.* 2 p. 600.

Sur les racines découvertes, fossés au bord des forêts ;
rare.

Sér. II. CLADONIODÉS.

Thalle foliolé-écailleux ou crustacé-granuleux, souvent
fugace ou foliolé et persistant. Apothécies biatorines, insérées sur des supports creux ou solides, simples, scyphiformes
ou fruticuleux.

1° Thalle crustacé, pulvérulent ou granuleux ; apothécies atténuées en un stipe court, pâle, dépourvu de couche
corticale.. *Bæomycés.*

2° Thalle foliacé et lacinié ou foliacé-écail-
leux ; apothécies insérées sur des podétions
fistuleux, verdâtre, pourvu d'une couche cor-
ticale.. *Cladoniés.*

Trib. II. BÆOMYCÉS.

Thalle de forme variée s'étendant horizontalement,
lépreux, granuleux ou squameux, dressé et portant des
podetium formés de filaments courts, simples. Apothécies

' de couleur pâle ou rougeâtre, tantôt sessiles et lécidéiformes, tantôt convexes, rarement plates et difformes, tantôt stipitées. Spores incolores, ellipsoïdes, oblongues ou fusiformes, simples ou à 2, 3 cloisons. Spermogonies à stérigmates articulés (arthrostérigmates) ; spermaties linéaires, droites, courtes.

I. BÆOMYCES. Pers.

Thalle crustacé ou indéterminé, pulvérulent, granuleux, ou encore squameux ; apothécies biatorines, convexes ou globuleuses et immarginées, atténuées en un stipe qui est formé par l'hypothecium, simulant souvent un *podetium* solide, toujours composé de filaments creux, soudés ensemble et disposés ensemble dans le sens de la longueur du stipe. On rencontre quelquefois, sur la forme stérile du *Bæomyces roseus* le *Lecidea inquinans,* Tul.

1° Apothécies couleur de chair ou brun pâle, stipe très-court.

12. B. Rufus. D C. *Fl. fr.* 2 p. 342 ; Ach *Syn.* p. 28 ; Nyl. *l. sc.* p. 48 ; *B. rupestris* Pers.

Sur les rochers et surtout la terre argileuse, dans les bruyères, les pâtis, halle aux vaches ; Avize, Grauves, etc.

2° Apothécies assez grosses, roses, à stipe épais, élevé.

13. B. roseus Pers. Ach. *Syn.* p. 280 ; Nyl. *l. sc.* p. 48 ; *B. Ericetorum* D C. *Fl. fr.* 2 p. 342.

Mêmes lieux que le *B. rufus ;* il est commun à la Halle-aux-Vaches, près d'Oger.

Trib. III. CLADONIÉS.

Thalle foliacé et lacinié ou foliacé écailleux, et représenté par des *podetium* fistuleux sub-simples et dilatés en scyphule ou ramifiés et atténués, garnis souvent d'écailles phyllomorphes. La texture du *podetium* est semblable à celle du thalle. Apothécies capituliformes, biatorines, convexes, présentant 3 couleurs, le brun, l'incarnat, le rouge ; spores simples, petites, ellipsoïdes ou oblongues (*Pl.* 1, *fig.* 1) ; gélatine hyméniale à peine colorée par l'iode. Spermogonies très-fines, solitaires ou groupées aux derniéres divisions des rameaux, ou au bord de la capitule qui surmonte les *podetium* ; spermaties cylindriques, droites ou fléchies ; stérigmates simples.

I. CLADONIA. Hffm.

Caractères de la tribu.

† Apothécies brunes ou roussâtres.

A. Podétions scyphifères (*en entonnoir*).

a Thalle développé, vert jaunàtre ou vert glauque, à divisions grandes, multifides, podétions courts et manquant souvent.

14. C. endivæfolia. Fr. *L. E.* p. 212 ; *Cenomyce* Ach. *Syn.*, p. 250. Commun sur la terre crayeuse, dans les pins et les vordes, etc.

b Thalle cendré, glauque ou vert, formé de petites folioles squameuses, crénelées.

1° Podétions granuleux, squameux, verruqueux (cortiqués).

15. C. pixidata. Fr. *L. E.* p. 216 ; *Cenomyce* Ach. *Syn.* p. 252. Commun sur la terre et au pied des vieux arbres, dans les bois, cosmopolite.

16. V. vulgaris. Malb. *Lich. de Normandie*, p. 52. Sur la terre, dans les bruyères, les bois.

17. V. pocillum. Ach. *Syn.* p. 253 ; Nyl. *l. sc.* p. 50. Sur la terre, les bois, les pins.

18. V. CHLOROPHÆA. Sch.

Sur la terre et au pied des troncs des pins, à Lenharrée, etc.

2° Podétions fréquemment prolifères à épiderme, converti en une poussière fine.

19. C. FIMBRIATA. Hffm. Nyl. *Syn.* p. 194; *Cenomyce* Ach. *Syn.* 254.

Sur la terre et les troncs, pins, forêts, bruyères, etc. Très-commun.

20. V. TUB.EFORMIS. Ach.

En société avec le type.

21. V. RADIATA. Ach. Sch. *En.* p 191, *Cen. cornuta* Dub.

Sur les rochers, recouverts d'un peu de terre; forêt d'Epernay.

22. V. CORNUTA. Ach. *Syn.* p. 257.

Sur les troncs de pins, etc.

B. Podétions non scyphifères.

a Podétions à aisselles perforées.

1° Podétions cendrés, blancs ou couleur de paille.

23. C. RANGIFERINA Hffm. *Fl. germ.* 114; D C. *Fl. fr.* 2, p. 336.

Sur la terre, dans les bois arides, les bruyères, les lieux montueux, les forêts.

24. V. SYLVATICA. Ach. Nyl. *l. sc.* p. 58.

Sur la terre, dans les lieux montueux; Saran, etc.

2° Podétions couverts de petites folioles et de granulations, souvent plus ou moins décortiqués.

25. C. SQUAMOSA. Hffm. *Fl. germ.* p. 125; Nyl. *l. sc.* p. 56.

Sur la terre, dans les bruyères, rare.

b Podétions à aisselles non perforées, à ramifications pointues.

26. C. FURCATA. Hffm. *Fl. germ.* 115; Nyl. *l. sc.* p. 55,

N° 13 ; *cenomyce* Ach. *Syn.* p. 276 ; *Cl. subulata* D C. *Fl. fr.* 2, p. 336.

Sur la terre, les collines, dans les bois découverts, cosmopolite.

27. V. SUBULATA (type). Fr. *L. E.* p. 230 ; Malb. *Lich. de Normandie*, p. 63.

Sur la terre, surtout argileuse, dans les bois, Saran, etc.

28. V. CORYMBOSA Ach. Nyl. *l. sc.* 56.

Commun sur la terre, surtout dans les terrains crayeux, dans les pins et les vordes, etc.

29. V. RACEMOSA. Flk. *Clad.* p. 152 ; *Cenomyce racemosa* Ach. *Syn.* p. 275 ; Nyl. *l. sc.* 56.

Sur la terre, dans les pins, vordes, etc.

30. Les V. SPINULOSA et SPADICEA Delise sont caractérisées par la couleur plus ou moins brune-livide des podétions à ramifications ultimes divariquées épineuses.

31. C. PUNGENS. Ach. *Syn.* p. 278. *Cl. furcata* var. *pungens.* Fr. Les podétions sont cendrés blanchâtres.

Sur la terre, dans les pins, à Lenharrée, etc.

†† Apothécies rouges coccinées.

A Podétions scyphifères.

32. C. CORNUCOPIOIDES (L.). Nyl. *l. sc.* p. 59 ; *Cenomyce coccifera* Ach. *Syn.* p. 267 ; *Cl. extensa* Sch.

Sur la terre, lieux montueux et arides de la forêt d'Epernay, où j'ai trouvé un seul échantillon en fructification.

B Podétions non scyphifères.

33. C. BACILLARIS. Ach. *Syn.* p. 226 ; Nyl. *l. sc.* 61, mêmes lieux que le *Cl. cornucopioides*, aussi rare.

II. DISCOCARPÉS.

Les apothécies sont plus ou moins aplaties, formant un disque concave, plan ou convexe, rond ou allongé, sessiles sur des expansions foliacées ou sur la masse crustacée du thalle ; les thèques regardent dans le sens vertical sur la surface du disque.

Sér. III. — RAMALODÉS.

Thalle fruticuleux, comprimé ou cylindrique (dépourvu de folioles ou squamules horizontales), à fruits le plus souvent Lécanors et plats.

* Thalle blanc-jaunâtre ou verdâtre, corticole.

A. Thalle fruticuleux, aplati en lanières étroites ou linéaires lancéolées........... *Ramalinés.*
Everniés.

B. Thalle filamenteux, cylindrique :

1° Traversé par une nerville ; apothécies bordées de cils rayonnants.............. *Usnés.*

2° Non traversé par une nerville ; apothécies non bordées de cils rayonnants.... *Alectoriés.*

** Thalle roux-châtain ou châtain-clair, *terricole.*

Thalle cylindrique ou comprimé....... *Cétrariés.*

Trib. 4. USNÉS.

Thalle de couleur blanche, vert clair ou plus rarement jaunâtre ou jaune intense passant au vert, ramifié ou très-rameux, cylindrique, rarement anguleux, dressé ou pendant, soutenu par un axe intérieur, filiforme et solide.

Apothécies lécanorines-peltées, la plupart ciliées sur les bords *(cils formés de la même texture que le thalle)* ; spores petites, ellipsoïdes, incolores, simples *(Pl. 2, fig. 14)* ; paraphyses distinctes, gélatine hyméniale colorée en bleu par l'iode. Spermogonies enfoncées dans le thalle ; stérigmates non articulés. Spermaties cylindriques-aciculaires, tronquées.

I. USNEA. Hffm.

Thalle filiforme allongé, filamenteux, d'abord dressé, puis pendant, extrêmement rameux. Apothécies grandes, concolores, pâles ou glaucescentes, terminales. Thalle souvent stérile, couvert de sorédies et de céphalodies. Ces plantes aiment les grandes forêts et croissent sur les arbres, rarement sur les pierres ou la terre.

34. U. barbata Fr. Nyl. *l. sc.* p. 68.

Sur les arbres, dans les forêts.

35. V. florida Fr. Nyl. *l. sc.* p. 68 ; D C. *Fl. fr.* 2, p. 332.

Sur les pins, rare en fructification.

36. V. hirta. Fr. Nyl. *l. sc.* p. 69 ; *usnea plicata* v. *hirta.* Ach. *Syn.* p. 305.

Sur les arbres (pommiers, pins, chênes, etc).

37. V. articulata. Ach. *Syn.* p. 307 ; Nyl. *l. sc.* p. 69 ; D C. *Fl. fr.* 2 p. 334.

Sur les arbres, dans les forêts ; Trois-Fontaines, etc.

38. V. plicata. Fr. Nyl. *l. sc.* p. 69 ; D C. *Fl. fr.* 2, p. 333. Sur les arbres, dans les forêts.

Trib. 5. ALECTORIÉS.

Thalle filiforme, rameux ou filamenteux, d'abord droit, ensuite couché ou pendant, possédant un cortex solide d'apparence cartilagineuse (*A. Ochroleuca et ses variétés*) ; quelquefois complètement libre à l'intérieur. Couche médullaire formée de filaments lâchement unis entre eux et sur lesquels reposent les gonidies. Apothécies pourvues d'un rebord thallin, saillant, de couleur sombre sur les thalles fuscescents, et de couleur rougeâtre sur les thalles citrins. Spores ellipsoïdes ; gélatine hyméniale colorée par l'iode.

Spermogonies situées à l'extrémité des rameaux et enfoncées dans le thalle ou renfermées dans les protubérances du thalle.

I. ALECTORIA, Ach.

39. A. JUBATA. Ach. *Syn.* 291 ; Nyl. *l. sc.* p. 72.

Sur les troncs des chênes moussus, forêts ; rare.

Trib. VI. EVERNIÉS.

Thalle fruticuleux, dressé, pendant ou couché, aplati, flasque, lacinié-rameux, étoupeux à l'intérieur (couche corticale très-mince, formée de cellules peu distinctes et sous lesquelles on ne trouve que de rares gonidies). Apothécies latérales à disque d'un roux brunâtre. Spores ellipsoïdes, simples, petites, hyalines (*Pl.* 2, *fig.* 15.). Stérigmates pauciarticulés. Spermaties aciculaires, légèrement renflées en fuseau à leurs extrémités.

I. EVERNIA. Ach. Nyl.

Caractères de la tribu :

40. E. PRUNASTRI. Ach. *Syn.* p. 245 ; Nyl. *l. sc.* p. 74 ; *Physcia* D C. *Fl. fr.* 2, p. 397.

Sur les troncs, les cloisons en bois ; très-commun ; stérile.

Trib. 7. RAMALINÉS.

Thalle cylindrique ou comprimé, d'abord érigé, ensuite pendant. Apothécies scutelliformes ayant un rebord thallin, saillant dans le genre ramalina ; spores simples ou à deux loges ; spermogonies latérales extérieurement indiquées, ou par un ostiole noirâtre dans les espèces dont les apothécies sont de couleur foncée et même châtain, ou par un ostiole de couleur pâle ou de même couleur que le thalle dans les espèces qui portent des apothécies de nuance claire ou jaunâtre.

I. RAMALINA. Ach. Fr.

Thalle fruticuleux, dressé ou ascendant, lacinié-divisé, anguleux, canaliculé ou comprimé-dilaté, plus ou moins rigide, concolore sur les deux faces. Apothécies éparses sur le thalle et occupant l'une et l'autre de ses faces lorsqu'il est plan ; de même couleur que le thalle ou plus pâles, recouvertes de poussières blanches dans quelques espèces ; spores incolores, oblongues, courbées et divisées en deux loges. (*Pl.* 2, *fig.* 16.) Paraphyses grêles, isolées ; gélatine hyméniale colorée en bleu par l'iode. Spermogonies éparses, indiquées par des ponctuations noires ou incolores. Stérigmates pauciarticulés, entremêlés de filaments anastomosés. Spermaties cylindriques ou allongées-cylindriquées. Toutes les parties du thalle se colorent en jaune dans l'eau iodée.

41. R. CALICARIS. Fr. *L. E.* p. 30. Nyl. *l. sc.* p. 77. *Ram. calicaris* v. *canaliculata. F. L. C.* — *Ram. fraxinea* v. *calicaris.* Sch. *En.* p. 9.

Sur les troncs.

42. R. FRAXINEA. Ach. *Syn.* p. 296.

Sur les arbres ; cosmopolite.

43. R. FASTIGIATA. Ach. *Syn.* p. 296.

Sur les arbres ; cosmopolite.

44. R. FARINACEA. Ach. *Syn.* p. 297.

Sur les arbres ; cosmopolite.

Trib. VIII. CETRARIÉS.

Thalle de couleur brun, brun-rouge, quelquefois jaunâtre

ou blanchâtre, ordinairement resserré, rarement tubuleux ou presque tubuleux fruticuleux ou presque foliacé, à ramifications étroites, allongées ou à larges expansions (membranacé), quelquefois lobées, à superficie (épithalle) luisante, intérieurement rempli par des filaments blancs rappelant les étoupes du chanvre. Apothécies lécanorines, marginales; spores au nombre de 8 dans chaque thèque, petites, sub-ellipsoïdes, incolores, simples (*Pl.* 2, *fig.* 20); paraphyses nullement divisées; gélatine hyméniale colorée en bleu par l'iode. Spermogonies marginées, renfermées dans le thalle à l'extrémité des poils ou des papilles, de couleur noire ou brune; spermaties droites, cylindriques, fusiformes ou encore ellipsoïdes.

I. CETRARIA. Ach. pr. p. Nyl.

Thalle de couleur roux-châtain ou châtain-clair, roide, fruticuleux, dressé ou ascendant, légèrement resserré (ou membranacé-plan vers les extrémités des rameaux), formé de laciniures plus ou moins larges ou plus ou moins étroites, et rarement creux au centre (*C. aculeata*, alors l'intérieur est très-imparfaitement rempli par un lacis de filaments blancs); épithalle brillant, seul coloré en roux-châtain; couche corticale formée d'un tissu cellulaire, corné, très-homogène. Apothécies [marron ou bai-brun; spermogonies renfermées dans le sommet des épines thallines; stérigmates simples; spermaties ovales ou cylindriques courtes.

1° Thalle arrondi, ramifications épineuses.

45. C. ACULEATA. Fr. Nyl. *l. sc.* p. 79; *cornicularia* Ach. *Syn.*; D C. *Fl. fr.* 2, p. 326.

Commun dans les terrains crayeux plantés en pins et vordes, et lieux montueux en friche.

2° Thalle aplati (membranacé-plan).

·46. C. ISLANDICA V. CRISPA. Ach. Nyl. *l. sc.* p. 79.

Sur la terre maigre, crayeuse, plantée de pins, Cheniers ;
rare.

Sér. IV. PHYLLODÉS.

Thalle foliacé, légèrement creusé au centre, lobé, stellé
ou partagé en laciniures assez larges, rarement et par
exception seulement, divisé davantage et alors fruticuleux.
Apothécies peltiformes (*g. Peltigera*) ou Lecanorines (*g.
Parmelia*), etc. Lécidéines ou plissées en spirale (*g. Umbilicaria*). Ce genre n'est pas représenté dans les *Lichens de la
Marne*). Spermogonies superficielles ; stérigmates articulés
ou arthrostérigmates : spermaties courtes, aciculaires, ou
presque cylindriques droites, dans plusieurs espèces rétrécies
au centre. Les Phyllodés représentent dans la famille des
Lichens les espèces qui atteignent au plus haut degré de
développement.

Spores fusi-formes.	Apothécies peltiformes mar-ginales..................	*Peltigérés.*
	Apothécies scutelliformes éparses ; thalle orné de cyphelles en-dessous.......	*Stictés.*
Sp. ovales.	Spores simples incolores ; paraphyses non divisées (nulles)................	*Parméliés.*
	Spores biloculaires brunes (excepté les genres *Borrera* et *Xanthoria*, qui ont les spores incolores et polari-biloculaires) ; paraphyses di-visées..................	*Physciés.*

Trib. IX. PELTIGÉRÉS.

Thalle dilaté en fronde (en feuille D C.) Couche corticale faisant le plus souvent défaut à la face inférieure. Apothécies peltiformes marginales, adnées sur l'une ou l'autre face, ou éparses sur le thalle. Spores hyalines ou brunies.

I. PELTIGERA. Hffm. Ach.

Thalle membraneux, opaque ou un peu brillant, cendré glaucescent, livide ou brun (verdâtre étant frais, dans quelques espèces); couche corticale manquant à la partie inférieure où se voient un tomentum feutré ou des nervures saillantes et souvent des fascicules de filaments rhiziniformes; apothécies marginales, adnées, fixées à la partie supérieure du thalle (*antica*), d'un rouge-brun ou roux-brun ou noirâtre. Spores fusiformes, sub-aciculaires, pluri-septées (*Pl.* 2, *fig.*24); gélatine hyméniale colorée en bleu par l'iode; thèques également colorées par le même réactif, soit à leur sommet, soit jusqu'à la moitié de la thèque. Spores insensibles à l'action de l'iode.

Les spermogonies découvertes par M. Tulasne n'ont été constatées que dans trois espèces, *P. canina, P. horizontalis,* et *P. rufescens*). Elles sont représentées à l'extrème bord du thalle par de petits tubercules très-obtus, que l'on prendrait pour de jeunes apothécies; mais qui ont ordinairement une teinte brune plus foncée.

M. Nylander voit uniquement dans ces organes des Pycnides (1).

(1) **Nyl. Syn.** p. 325 : spermaties Tul. *Mém.* p. 200.

* Apothécies plus ou moins ascendantes ; spores très-longues.

A. Apothécies rousses ou rougeâtres.

1° Fronde dépassant 2-3 centimètres de diamètre.

47. P. RUFESCENS. Hffm. Fr. *L. E.* p. 46 ; Nyl. *l. sc.* p. 89 ; *P. canina* v. *crispa* Ach. *Syn.* p. 239.

Sur les troncs, au bord des forêts.

48. P. CANINA. Hffm. D C. *Fl. fr.* 2, p. 406 ; Nyl. *sc.* p. 88.

Commun sur la terre, dans les pins, les forêts, etc.

2° Fronde ne dépassant pas 2 centimètres de diamètre.

49. P. PUSILLA. Krb. *S. L. G.* p. 59 : *P. spuria* D C. *Fl. fr.* 2, p. 406 ; Nyl. *Syn.* p. 325.

Sur la terre, au bord des forêts ; Chaltrait, etc. Je l'ai récolté à Lenharrée, sur un vieux tronc de peuplier.

B. Apothécies brunes ou noirâtres.

50. P. POLYDACTYLA. Hffm. D C. *Fl. fr.* 2, p. 407 ; Nyl. *l. sc.* p. 90.

Sur la terre, dans les pins, vordes, à Lenharrée et Chape-laine, etc.

Le thalle de cette espèce est lisse et luisant comme celui de *Pelt. horizontalis ;* mais les apothécies sont ascendantes et diffèrent entièrement par des spores beaucoup plus grêles (semblables à celles des autres congénères, sauf le *P. venosa,* qui les a comme le *P. horizontalis*).

** Apothécies horizontales ; spores relativement courtes.

51. P. HORIZONTALIS. Hffm. D C. *Fl. fr.* 2, p, 406. Nyl. *l. sc.* p. 90. *Peltidea* Ach. *Syn.* p. 238.

Sur la terre et les rochers, dans les forêts ; Epernay.

Trib. X. STICTÉS.

Thalle (fronde) foliacé, lobé ou lacinié, formant d'amples rosettes (faciles à détacher du support) de couleur verte, grisâtre, brune, glauque, rousse ou rarement jaunâtre (si ce n'est à l'état sec), souvent sorédifère ; rhizines simples ou fasciculées ; cyphelles urcéolées (vraies cyphelles) ou pulvérulentes (fausses cyphelles), et cyphelles absentes (nulles) dans un certain nombre d'espèces. Apothécies recouvertes dans leur jeune âge d'un rebord thallin. Thèques contenant 6-8 spores fusiformes septées. *Pl.* 2, *fig.* 26 *a* et *b.* Paraphyses libres ; spermogonies plongées dans le thalle sans produire aucune protubérance extérieure. Les stictes, répandent dans les lieux humides où ils croissent une odeur fétide qui leur est particulière et qui rappelle un peu celle du chanvre ; ils perdent cette odeur par la dessiccation, mais l'humidité la leur rend bientôt.

I. STICTA. Ach. Nyl.

Caractères de la tribu.

a Cyphelles urcéolées (*des grains gonidiaux glauques-bleuâtres réunis, g. stictina* Nyl).

52. St. sylvatica. Ach. *Syn.* p. 236 ; D C. *Fl. fr.* 2, p. 405 ; *Stictina* Nyl. *l. sc.* p. 94.

Trouvé une seule fois un échantillon sans fructification sur la terre, au pied d'un arbre, parmi les mousses ; forêt de l'Argonne.

b Cyphelles nulles (*de vraies gonidies vert-pâles, libres, g. sticta* Nyl.).

53. St. pulmonacea. Ach. *Syn.* p. 233 ; *Lobaria pulmonacea* D C. *Fl. fr.* 2, p. 402.

Sur les troncs, dans les forêts.

Trib. XI. PARMÉLIÉS.

Thalle ordinairement orbiculaire, dilaté en fronde, lobé, lobé-lacinié, ou étoilé lacinié, rarement et exceptionnellement fruticuleux et alors rarement cylindrique, épithalle un peu brillant, de couleur jaune, blanche, grisâtre ou cendrée, olive ou brune ; couche médullaire feutrée, composée le plus souvent d'éléments filamenteux assez lâchement entrecroisés ; couche gonidique constamment représentée par des gonidies thallines ordinaires. Apothécies lécanorines éparses, à disque souvent un peu plus luisant que le thalle ; thèques renfermant habituellement huit spores, rarement quaternées ou polyspores ; spores incolores sub-ellipsoïdes, ovoïdes, simples (*Pl.* 2, *fig.* 25) ; paraphyses rarement séparées entre elles (on les dit nulles). L'iode colore en bleu la gélatine hyméniale et très-particulièrement les thèques. Spermogonies innées ou émergées, éparses ou submarginales ; conceptacle noir ou de couleur sombre à l'extérieur et souvent incolore dans la partie qui est immergée ; stérigmates simples ou à 2-5 articulations ; spermaties aciculaires ou un peu renflées en fuseau.

I. PARMELIA. Ach. Nyl.

Caractères de la tribu.

Imbricaria Hepp.

† Thalle à fibrilles rhizinoïdes.

A Thalle de couleur jaune-verdâtre ou blanc-jaunâtre (*rarement en fructification dans notre flore*).

54. P. caperata (L.) Nyl. *l. sc.* p. 98.

Commun sur les troncs, plus rare sur les rochers.

55. P. CONSPERSA. Ach. *Syn.* p. 209 ; Nyl. *l. sc.* p. 100 ; *Imbricaria* D C. *Fl. fr.* 2, p. 393.

Sur les rochers de grès ; forêt du Mesnil, et rochers de silex à Vinay.

B Thalle de couleur olive ou olive bruni ; apothécies de la même couleur.

56. P. OLIVACEA. Ach. *Syn.* p. 395 ; Nyl. *l. sc.* p. 101. *Imbricaria* D C. *Fl. fr.* 2, p. 392.

Fréquent sur les arbres, cosmopolite.

57. P. EXASPERATA. Ach. Nyl. *l. sc.* p. 102 ; *collema exasperata* Ach. *Syn.* p. 320 ; *Imbricaria aspera* Krb.

Sur les troncs ; Lenharrée, sur les vieux aulnes.

58. P. PROLIXA. Ach. Nyl. *l. sc.* p. 102 ; *parmelia dendritica* Sch.

Sur les rochers de grès ; forêt du Mesnil et rochers de silex à Vinay.

C Thalle vert-glauque-livide ; apothécies très-grandes, d'un bai-roux.

59. P. ACETABULUM (Dub.). Nyl. *l. sc.* p. 101 ; *Imbricaria* D C. *Fl. fr.* 2, p. 392.

Sur les troncs, vulgaire dans la Marne, commun à Châlons.

D Thalle gris, blanchâtre ou blanc.

a Thalle rugueux réticulé en dessus.

60. P. SAXATILIS. Ach. *Syn.* p. 203 ; Nyl. *l. sc.* p. 99 ; *Imbricaria retiruga* D C. *Fl. fr.* 2, p. 389.

Commun sur les troncs et les rochers, vulgaire dans la Marne.

b Thalle peu ou pas réticulé, ridé-rugeux, à sorédies éparses.

61. P. borreri. Turn. Nyl. *Syn.* p. 388 ; *Parm. dubia* Sch. *En.* p. 45; *Imbricaria* Krb.

Sur les troncs, dans toute la Marne; moins commun que le précédent.

c Thalle non réticulé, ni ridé-rugueux.

62. P. perlata. Ach. *Syn.* p. 197 ; Nyl. *l. sc.* p. 98 ; *Lobaria Perlata* D C. *Fl. fr.* 2, p. 403 ; *Imb.* Krb.

Sur les troncs, forêts; commun à l'état sorédifère et stérile.

63. P. tiliacea. Ach. *Syn.* p. 199 ; Nyl. *l. sc.* p. 98 ; *Imbricaria quercina* D C. *Fl. fr.* 2, p. 300 ; *Parm. quercifolia* Sch. *En.* p. 43.

Sur les écorces, forêts, sur les arbres fruitiers; Bourlonville, près ou dans la forêt de l'Argonne.

64. P. revoluta, Flk. Roumeguère, *Cryptog. illustrée,* p. 41.

Sur les rochers de grès; forêt du Mesnil, lieudit la Sablière.

†† Thalle glabre à la face inférieure (sans rhizines).

65. P. physodes. Ach. *Syn.* p. 218 ; *Imbricaria* DC. *Fl. fr.* 2, p. 393 ; *Parm. ceratophylla* Sch. *En.* p. 41.

Sur les troncs, les pierres, cosmopolite.

66. V. labrosa. Ach. var. *Tubulosa* Sch.

Sur les pins, dans la Champagne.

Trib. XII. PHYSCIÉS.

Thalle diversement lobé ou lacinié, le plus souvent étalé en rosette, rarement ascendant, fruticuleux ou cylindracé, jaune ou cendré, rarement brun. Apothécies lécanorines de couleur orangée ou jaune, ou brune, ou noirâtre, quelquefois pruineuses. Paraphyses divisées ; spores brunes biloculaires dans le genre *Physcia,* incolores, avec une logette aux extrémités, dans les genres *Borrera* et *Xanthoria.* Les thèques contiennent huit spores, rarement un plus grand nombre. Spermogonies innées (thalle un peu soulevé au-dessus d'elles), munies de stérigmates pluri-articulés (arthrostérigmates). Spermaties cylindriques ou cylindriques-oblongues. Couche gonidique constituée par des gonidies thallines ordinaires.

Thalle jaune.
Spores incolores.
{
Thalle fruticuleux ascendant. *Borrera.*
Thalle étalé en rosette à lobes planes appliquées........ *Xanthoria.*
}

Thalle cendré, rarement brun.

Spores brunes biloculaires............... *Physcia.*

I. BORRERA. Ach. Hepp.

Thalle fruticuleux, ascendant, lacinié-rameux, plus ou moins canaliculé, fibrilleux-cilié. Apothécies scutelliformes, sub-pédicellées, à disque orange. Spores ovoïdes, polari-biloculaires, incolores. *(Pl. 2, fig. 18.)* Stérigmates multi-articulés. Spermaties linéaires, droites.

63. B. CHRYSOPTHALMA. Ach. Hepp. *Flech. Eur.* n° 569 ; *Tornabenia* Mass. *Physcia* Nyl.

Sur les arbres fruitiers à Bourlonville, sur les vieux aulnes à Lenharrée, rare.

II. XANTHORIA. Th. Fr.

Thalle foliacé, lacinié-lobé. Apothécies scutelliformes, adnées. Thèques enflées. Spores elliptiques, obtuses, incolores ou sub-incolores, polari-biloculaires, les deux loges apicales souvent réunies par un tube très-mince. *Pl. 2, fig.* 27. Des arthrostérigmates. Spermaties subcylindriques ou ellipsoïdes.

68. X. PARIETINA. Th. Fr. *Physcia parietina* Krb. Nyl. *Parmelia parietina* Ach. Hepp. *Fl. Eur. Imbricaria* D C. *Fl. fr.* 2, p. 391.

Fréquent sur les arbres, les bois, les pierres, etc.

III. PHYSCIA. Hepp. [1].

Thalle membraneux, adné, lacinié, ordinairement rhizinifère. Apothécies scutelliformes, sessiles. Spores ovoïdes ou oblongues, uniseptées, brunes. (*Pl.* 2, *fig.* 19.) Spermogonies innées. Des arthrostérigmates. Spermaties cylindriques ou cylindracées.

† Thalle cendré.

A Thalle formant régulièrement une rosette orbiculaire, appliqué.

a Thalle parsemé de petites protubérances concolores.

69. P. PULVERULENTA. Fr. *L. E.* p. 79 ; Nyl. *l. sc.* p. 109 ; *Imbricaria* D C. *Fl. fr.* 2, p. 387.

Le thalle prend une couleur vert gai à l'état frais, et disparaît par la dessiccation.

Fréquent sur les arbres.

70. PH. PYTYREA. Ach. Nyl. *Prod.* p. 62 ; *Imbricaria* D C. *Fl. fr.* 2, p. 387 ; *P. Pulverulenta* v. *grisea* Sch. *En.* p. 38.

Sur les ormes, les marronniers.

Thalle fréquemment bordé de sorédies, toujours stérile. Commun sur les ormes à Châlons-sur-Marne.

[1] Les espèces *Physcia candelaria* et *Fibrosa* Nyl. sont reportées dans le genre *Lecanora*.

71. Ph. venusta. Nyl. *Syn.* p. 421 ; *Parm.* Ach. *Syn.* p. 214.

Sur les troncs. — Cette espèce se distingue aisément de toutes les espèces voisines, et dans ses formes, par la surface finement chagrinée du thalle, les apothécies, dont le bord se couronne de petites feuilles thallines.

b Thalle non parsemé de petites protubérances.

72. Ph. stellaris. Fr. *L. E.* p. 82 ; Nyl. *l. sc.* p. 111 ; *Imbricaria* D C. *Fl. fr.* 2, p. 386.

Commun sur les arbres, dans toute la Marne.

73. V. ambigua. Sch. Malbr. *L. de Normandie*, p. 118.

Sur les grosses branches de vieilles vordes ; Avize, Châlons, etc.

B. Thalle ne formant pas de rosette orbiculaire, divisé en lanières courtes ou allongées, courbées en canal longitudinal par-dessous.

1° Thalle divisé en lanières courtes et dressées.

74. Ph. tenella. D C. *Fl. fr.* 2, p. 396 ; *Borrera* Ach. *Syn.* p. 221 ; *Parmelia stellaris* var. *tenella* Sch. *En.* p. 40.

Commun sur les arbres, les rochers.

2° Thalle divisé en lanières moyennes, se rapprochant du *Ph. ciliaris*, mais diminué.

75. Ph. leptalea. D C. *Fl. fr.* p. 395 ; *Physcia stellaris* var. *Hispida*. Fr. *L. Eur.* p. 82.

Sur les peupliers du Vaux-Martin, à Lenharrée.

3° Thalle divisé en lanières allongées.

76. Ph. ciliaris. D C. *Fl. fr.* 2, p. 396 ; Nyl. *t. sc.* p. 108.

Fréquent sur les arbres.

†† Thalle blanc-glauque à l'état sec, granuleux-pulvérulent au centre.

77. Ph. astroidea. Fr. *L. E.* p. 81 ; Nyl. *Syn.* p. 426. *Parmelia clementiana* Ach. *Syn.* p. 200.

Sur les écorces, peu commun, mais se trouve dans tout le département de la Marne.

††† Thalle brun ou brun-verdâtre, ou gris-brun, rarement gris-verdâtre ou gris-jaunâtre.

a Thalle dépassant le diamètre de 2 à 3 centimètres.

1ᵉ Apothécies (scutelles) non ciliées en-dessous.

78. Ph. obscura. F. *L. E.* p. 84 ; Nyl. *l. sc.* p. 112. *Imbricaria* D C. *Fl. fr.* 2, p. 338 ; *Parmelia chloantha* Ach. *Syn.* p. 217.

Sur les écorces et les bois ; très-vulgaire.

79. V. virella. Ach. Roumeguère, *Crypt. illustrée*, p. 42.

Sur les peupliers et vieux saules, au bord du fossé du pont dit de Cosson, qui conduit aux Flammiers ; Châlons.

2° Apothécies ciliées en-dessous.

80. Ph. ulotrix. Ach. Nyl. *L. des Pyrénées*, 1872 ; p. 68 ; *Parm. obscura* v. *ciliata* Sch. *En.* p. 37.

Sur les arbres, les pierres, avec le type.

b. Thalle dépassant rarement 2 centimètres de diamètre, à moins que les petites rosettes croissent serrées et se mêlent.

81. Ph. tribacella.

Nyl. le décrit ainsi sur le *Flora de Ratisbonne*, n° 9, p. 307, 1874 :

« Thallus pallide olivaceo-cinerascens vel sordeo-pallido-
» cinerascens, opacus, tenuis, orbicularis (latit. 1-2 centim.),
» tenuiter laciniatus imbricatus, laciniis (latit. 0,003-0,005

» millim.) margine summo erosis, apice digitato-divisis,
» planis ; apothecia fusca (latit. fere 0,005 millim. ; sporæ
» longit. 0,017-21 millim., crassit. 0,007-0,010 millim.)

» Prope *Catalaunum* (Châlons-sur-Marne), supra lapides
» pontis. (Brisson.) »

82. ADGLUTINATA. Nyl. *Syn.* p. 428 ; Malbr. *L. de Normandie,* p. 122.

Sur les troncs, peupliers, etc. Très-commun sur les marronniers à Châlons.

Sér. V. PLACODÉS.

Thalle crustacé (squameux, radié, granuleux pulvérulent, quelquefois presque nul), rarement hypophlœode, rarement encore pelté, se rapprochant quelquefois des *Phyllodés,* manquant de couche médullaire, formée d'éléments filamenteux, lâchement entrecroisés, comme dans la tribu précédente ; apothécies lécanorines, biatorines, lécidéines ou lirelliformes, rarement privées de thalle propre ou parasites sur un thalle étranger.

Apothécies lécanorines (biatorines par le développement imparfait du bord thallin) ou zéorines [1] ..... *Lécanorés.*

Apothécies dont le thalle reste complètement étranger à la marge...................... *Lécidéinés.*

Apothécies lirellines, forme allongée, irrégulière ou rameuse...................... *graphidés.*

[1] *Zeora,* ce genre de Koerb., est caractérisé par des apothécies adnées ou innées, d'abord fermées, marginées par un bord thallodiaire et un bord propre, et devenant à la fin biatorines.

Trib. 13. LÉCANORÉS.

Thalle variable ; apothécies lécanorines, orbiculaires, entourées d'un rebord thallin (biatorines par le développement imparfait du bord thallin).

Spores murales.

Apothécies immergées, urcéolées ; spores 3-5 septées en largeur, 1-2 septées en longueur. (*Pl.* 3, *fig.* 35).. *Urceolaria*·

Apothécies maculiformes innées dans des verrues peu saillantes ; spores grandes, mucronées aux deux extrémités, divisées transversalement en 12-15 étages...... *Phlyctis.*

Spores non murales.

Apothécies verruciformes, irrégulières, ou planes concaves couvertes de sorédies ; spores grandes elliptiques, uniloculaires, le plus souvent 2-4 en une thèque. (*Pl.* 3, *fig.* 42)................ *Pertusaria.*

Apothécies lécanorines (biatorines par le développement imparfait du bord thallin.) Spores variables.......... *Lecanora.*
Spores simples. (*Pl.* 2, *fig.* 29) *Pannaria.*

I. PANNARIA. Del. pr. p. Nyl.

Thalle granuleux-écailleux, compacte au centre ou foliacé-membraneux et lacinié-radié à la circonférence. Apothécies lécanorines ou biatorines. Spores oblongues-ovoïdes simples (excepté *P. muscorum*) ; gélatine hyméniale colorée par l'iode en bleu intense et peu après en rouge vineux ; dans quelques espèces en rouge vineux seulement ; dans quelques autres en bleu passant à une teinte obscure. Gonidies (souvent d'un vert pâle bleuâtre) en forme de chapelet, jamais simples ni revêtues d'une membrane cellulaire propre. Spermogonies munies d'arthrostérigmates.

a Apothécies lécanorines, rousses.

83. P. LUTOSA. Ach. Roùmeguère, *Cryptog. illustrée*, p. 44.

Sur les rochers de grès, recouverts d'un peu de terre, de Port-à-Binson à Château-Thierry ; rare.

b Apothécies lécidéines noires.

84. P. NIGRA (Huds.). Nyl. *l. sc.* p. 126 ; *collema nigrum* Ach. *Syn.* p. 308 ; D C. *Fl. fr.* 2, p. 381.

Sur les pierres, les rochers.

II. LECANORA. Ach.

TABLEAU SYNOPTIQUE DU GENRE LECANORA.

1re SECTION.

Thalle en rosette irrégulière formée d'écailles distinctes, cartilagineux (quelquefois rayonnant comme dans la deuxième section) ; mais aréolé squameux au centre. Spermogonies innées ; paraphyses flexueuses ; spermaties courbées en arc.

	Nos
1° Th. verdâtre à squames épaisses......................	85
2° Th. jaunâtre pâle ou verdâtre, appliqué, étalé en rosette.	86
3° Th. cendré ou blanchâtre, verruqueux, granuleux......	87
4° Th blanchâtre très-élégant, squames centrales sub-imbriquées...	88

2ᵉ SECTION.

Thalle appliqué en rosette régulière, poudreux au centre, foliacé, lobé à la circonférence ; paraphyses fili-formes ; spermogonies proéminentes ; spermaties droites.

A Thalle jaune.

1° Spores à une logette à chaque extrémité.
  Th. citrin. étoilé, lobes serrés. ... 89
  Th. orange, étoilé, lobes écar-tés, toruleux 90

2° Spores subquadrangulaires arrondies 91

3° Spores à 2 nucleus ; thalle presque oblitéré par les apo-thécies 92

4° Spores simples ; thalle terricole 93

B Thalle diversement coloré, non jaune.

1° Spores simples.
a Th. cendré adhérent ; apothécies enfoncées, planes ou urcéolées 94

2° Spores à une logette à chaque extrémité.
b Th. livide ou noirâtre, fendillé-aréolé ; apothécies prui-neuses à bord plus blanc que le disque 95

c Th. cendré-bleuâtre, granuleux pulvérulent ; apothécies rouges 96

3° Sp. à une cloison.
d Th. blanc un peu farineux 97

3ᵉ SECTION,

Thalle crustacé, granuleux, lépreux ou lisse, ou foliacé, très-petit, dressé, finement divisé, lacinié ; sper-maties variables.

† Spores incolores.

* Apoth. rouges, ferrugineuses, jaune orange et jaune pâle.

A Sp. simples ou avec une logette à chaque extrémité.

A Th. jaune.
1° Th. foliacé, finement divisé-lacinié ...:............ 98 à 99

2° Th. lépreux pulvérulent.

Sur les murs, les mortiers, les pierres, th. en lèpre jaune.   100

<table>
<tr><td rowspan="4">Sur les écorces, th. léprarioide ou granuleux.</td><td>Th. jaune verdâtre ; ap. grandes.</td><td>101</td></tr>
<tr><td>Th. jaune vitellin : ap. moyennes.</td><td>102-103</td></tr>
<tr><td>Th. gris-jaunâtre ; ap. petites, convexes. . . . .</td><td>104</td></tr>
<tr><td>Th. jaune citrin. ; ap. moyennes.</td><td>105</td></tr>
</table>

Sur les rochers, th. jaune ochracé. 106-107

Sur les bois exposés à la pluie, th presque nul   108

B   Thalle cendré, blanchâtre ou nul.

1°   Apothécies lécanorines.
| Apoth. jaunes. . . . . | 109 |
| Apoth. d'un brun rouge. . . . . | 110 |

2°   Apothécies biatorines.

Ap. d'un fauve orangé, sur les vieux ormes.   111

Ap. orangées, sur les écorces lisses.   112

Ap. jaune orangé, enfoncée dans la pierre des roches. . 113à115

Ap. ferrugineuses, sur les arbres.   116

Ap. ferrugineuses, sur les rochers.   117

Ap. rouge vif sanguin, immergées dans la roche.   118

B   Spores fusiformes à 3-7 cloisons ; apoth. rouges.   119

**   Apoth. noires, brunes, grises ou pâles, thalle gris ou blanchâtre.

A   Spores simples.

A   Thalle cendré ou blanc.

a   Apothécies enfoncées.
| peu enfoncées. . . . : . . . . | 120 |
| enfoncées. . . . . | 121à128 |

b   Apothécies non enfoncées.

1°   Spores grandes, environ 40-70 microm. ; apoth. grosses.   129

2°   Spores, environ 10-30 microm. en longueur. Apoth. moyennement grandes.

Apoth. noires, sur les troncs et les rochers.   130

Apoth. brunes, sur les troncs et les pierres. . . . . /   131

Apoth. brunes-pâles, sur les écorces. . . . . '   132

Apoth. brunes, petites ou moyennes, sur les pierres des murs, sur les écorces.   133

<table>
<tr><td rowspan="3">Apoth. carnées ou brunes, prui-neuses.</td><td>Sur les écorces et bois. . . . . .</td><td>134à136</td></tr>
<tr><td>Apoth. petites, crénelées. . . . .</td><td>137-138</td></tr>
<tr><td>Sur les rochers et les pierres des murs. . . . .</td><td>139-140</td></tr>
</table>

B Thalle jaunâtre ou jaunâtre sale ou cendré jaunâtre ou paille ; assez souvent nul.

Apothécies petites, nombreuses, variant du pâle au jaune brun...................................141 à 144

Apoth. livides-noirâtres ; thalle d'un jaune soufré.....   145

B. Spores à une ou trois cloisons (1-3 septées).

Apothécies petites ou {Sur les pierres des murs.....146-147
moyennes. {Sur les écorces.............. 148-149

†† Spores fuligineuses brunes à une cloison.

1° Apoth. lécanorines ; thalle gris granuleux sur les rochers.   150

2° Apoth. petites, presque {Sur les écorces............   151
lécidéines. {Sur les vieux bois..........   152
{Sur les murs et rochers   153

Apoth. à bord granulé ; thalle noir à l'état sec ; verdâtre à l'état humide.........................   151

4ᵉ SECTION.

Thalle crustacé-aréolé ou squamuleux-aréolé ; spermaties petites, oblongues-ellipsoïdes.

Thèques polyspores, 20-100.........................   155

Ire Section.

Thalle rayonnant lacinié ou cartilagineux squameux, à squames épaisses circulaires, centre parfois aréolé ; spores simples ovoïdes, elliptiques incolores ; paraphyses flexueuses. Spermogonies immergées, indiquées extérieurement par de petites verrues, brunes simples, ou multiples, quelquefois déchiquetées, mais conservant, lorsqu'elles sont isolées, la forme globuleuse. Spermaties fortement courbées en arc dans la première section ; linéaires droites dans la deuxième ; les troisième et quatrième sections ont des formes variables.

1° Thalle verdâtre, à squames épaisses, marge blanche à

cause des ondulations qui mettent à découvert la surface inférieure.

(*Squamaria* D C.)

85. L. CRASSA. Ach. *Syn.* p. 190 ; *Squamaria crassa* D C. *Fl. fr.* 2, p. 175 ; Nyl. *l. sc.* p. 130.

Lieux montueux, sur les rochers ; Avize, etc.

2° Thalle jaunâtre pâle ou verdâtre, crustacé-cartilagineux, appliqué, étalé en rosette.

86. L. SAXICOLA. Ach. *Syn.* p. 180. *Placodium ochroleucum* D C. *Fl. fr. 2,* p. 379 ; *Lecanora muralis* Sch. *En.* p. 66 ; *Plac. saxicolum* Krb.

Sur les rochers et les pierres ; cosmopolite.

3° Thalle cendré ou blanchâtre verruqueux-granuleux.

87. L. GALACTINA. Ach. *Syn.* p. 187 ; *Placodium albescens* Krb. Par. 53.

Sur les murs ; vulgaire.

4° Thalle blanchâtre très-élégant.

88. L. LENTIGERA. Ach. *Syn.* p. 179 : *Lecanora crassa* var. Schœr. *E.* p. 58 ; *Squamaria lentigera* D C. *Fl. fr.* 2, p. 376.

Sur la terre crayeuse, dans les premières pièces de pins, sur la route de Châlons à Suippes. Commun sur les côtes de Grauves, côté de la Halle-aux-Vaches.

2ᵉ Section.

Thalle rayonnant foliacé, lobé à la circonférence appliqué-adhérent. Apothécies jaunes, brunes, noirâtres ou rougeâtres. Huit spores en une thèque présentant une logette à chaque extrémité (*Polari-dyblastées*, *polari-biloculaires*) ou simples. *(L. obliterata, Fulgens et Circinata.)* Paraphyses filiformes, épaisses à leurs extrémités. Spermogonies proéminentes à la surface du thalle, de forme arrondie, oblongue, de couleur naturelle, soulevant la couche corticale pour élever leur ostiole (ce qui leur donne une grande ressemblance avec les apothécies naissantes), groupées deux, trois ensemble ou isolées ; stérigmates rameux, articulés ou simples (*L. circinata*). Spermaties linéaires droites.

(*Placodium* D C.)

A Thalle jaune.

1° Spores à une logette à chaque extrémité.

89. L. MURORUM. Ach. *Syn.* p. 181 ; *Placodium* D C. *Fl. fr.* 2, p. 378 ; Nyl. *l. sc.* p. 136.

Commun sur les murs, les mortiers, les pierres, les rochers ; cosmopolite.

90. L. ELEGANS. Ach. *Syn.* p. 182 ; *Placodium* D C. *Fl. fr.* 2, p. 379 ; Nyl. *l. sc.* p. 136.

Sur les pierres de silex servant de bornes dans les vignes ; Avize, Cramant.

2° Spores subquadrangulaires arrondies.

91. L. CALLOPISMA. Ach. *Syn.* p. 184 ; *Placodium* Mérat *Fl. par. Ed.* 2, p. 184 ; *Amphiloma* Krb. ; *Parm. murorum* var. Fr. *L. E.* p. 116.

Sur les murs en craie, environs de Châlons, Fère-Champenoise

3° Spores à deux nucleus ; thalle presque oblitéré par les apothécies.

92. L. MINIATA var. OBLITERATA. Ach. *Syn.* p. 182 ; *Lichen obliteratus* Pers. *Placodium murorum* var. Nyl. *l. sc.* p. 136.

Sur les pierres des murs de l'église de Lenharrée.

4° Spores simples.

93. L. FULGENS. Ach. *Syn.* p. 183 ; *Placodium fulgens* D C. *Fl. fr.* 2, p. 378; Nyl. *l. sc.* p. 137.

Sur les côtes, à Grauves, au lieudit la Halle-aux-Vaches.

B Thalle diversement coloré, non jaune.

1° Spores simples.

a Thalle cendré adhérent ; apothécies enfoncées, planes ou urcéolées.

94. L. CIRCINATA (Pers.). Ach. *Syn.* p. 184 ; *Placodium circinatum* D C. *Fl fr.* 2, p. 380 ; *Lecanora radiosa* Schœr. *En.* p. 60.

Sur les pierres calcaires taillées.

2° Spores à une logette à chaque extrémité.

b Thalle brunâtre fendillé, aréolé ; apothécies pruineuses, à bord plus blanc que le disque.

95. L. VARIABILIS. Ach. *Syn.* p. 65 ; *collema variabile* D C. *Fl. fr.* 2, p. 581 ; *Placodium variabile* Nyl. *l. sc.* p. 138.

Sur les rochers calcaires , Saran, Oger, et rochers de grès à la Sablière, forêt du Mesnil-sur-Oger ; rare.

c Thalle bleuâtre granuleux ; apothécies rouges.

96. L. TEICHOLYTA. Ach. *Syn.* p. 188 ; *Placodium theicholytum* D C. *Fl. fr.* 6 v. sup. p. 185 et *Placod. versicolor* D C. *Fl. fr.* 2, p. 380. *Parmelia erythrocarpia* Fr. *L. E*, p. 119 ; *Lecidea* Schœr.

Sur les crépis des murs ; Vraux, Lenharrée ; assez rare.

3° Spores à une cloison.

d Thalle blanc un peu farineux.

97. L. CANDIDANS (Dicks.). Schœr. *En.* p. 59 ; *Placodium*

candidans Nyl. *l. par.* 117 ; *Parmelia* Fr. ; *amphiloma* Krb. *S. L. G.* p.113.

Sur les rochers calcaires ; Oger, Avize.

3e *Section.*

Thalle crustacé, granuleux, lépreux ou lissé, ou foliacé, petit, finement divisé, lacinié.

Apothécies lécanorines, biatorines dans quelques espèces ; spores variables.

(Lecanora. Ach. Nyl.)

† Spores incolores.

❧ Apothécies rouges, ferrugineuses, jaune orange et jaune pâle.

A Spores simples ou avec une logette à chaque extrémité.

a. Thalle jaune.

a Stirps Lecanoræ vitellinæ.

1° Thalle foliacé, finement divisé, lacinié.

98. L. CANDELARIA, Ach. *Syn.* p. 192 ; *Placodium candelarium* D C. *Fl. fr.* 2, p. 378 ; *Physcia candelaria* Nyl. *Syn.* p. 412 ; *Parmelia parietina* var. *candelaria* Fr. *L. E.* p. 73 ; *Candelaria vulgaris* Mass.

Sur les troncs, surtout des pins.

99. VAR. FIBROSA. Nyl.

Cette variété se distingue de l'espèce par des cils blancs en dessous de l'apothécie et du thalle.

Sur les troncs de pins ; Lenharrée, côté du midi du village. Très-rare. Il était inconnu en France.

2° Thalle lépreux, pulvérulent.

100. L. CITRINA. Ach. *Syn.* p. 176 ; *Placodium murorum* var. *citrinum* Nyl. *l. sc.* p. 136 ; *Callopisma* Krb.

Sur les murs, les mortiers, les pierres ; cosmopolite.

101. L. REFLEXA. Nyl. *in Bult. bot.* 1866 p. 246. *l. p.* P. 121.

Sur un vieux et gros noyer de Chapelaine à Haussimont ; sur les peupliers ; Châlons. Rare.

102. L. VITELLINA. Ach. *Syn.* p. 174 ; Nyl. *l. sc.* p. 141 ; *Candelaria* Mass. Krb.

Sur les vieux bois, les pierres, les écorces; rare.

103. VAR. XANTHOSTIGMA. Mass. *Syn. Reg. fl.* 1852, p. 568 ; *Placodium candelarium* var. *Xanthostigmum* (Pers.) Hepp. *Fl. Eur.* n° 393. *Lecanora vitellina* var. *citrina* Schœr. *En.* p. 80.

Sur les troncs.

104. L. PHLOGINA. Ach. Nyl. *l. sc.* p. 141. *Placodium citrinellum* Fr. Hepp. *Flech. Eur.* n° 395.

Sur les vieux ormes, à Châlons, surtout sur ceux des remparts, de la porte de Marne à la porte Saint-Jean.

Ne pas confondre le *Lecanora vitellina* var. *Xanthostigma* Mass. avec le *Lecanora phlogina (verrucaria flava* Hoffm.) : *le premier a* toujours son thalle granulé, jaune vitellin net ; le bord des apothécies est persistant, d'un jaune plus pâle que le disque et quelquefois granulé, rarement engagées dans le thalle. Le *Lecanora phlogina* a le thalle gris ou gris-jaunâtre sale ; les apothécies sont convexes sans bord engagées dans le thalle.

105. L. AURANTIACA (Lightf.). Nyl. *l. sc.* p. 142 ; *Lecanora salicina* Ach. *Syn.* p. 175 ; *Patellaria flavovirescens* D C. *Fl. fr.* 2, p. 359.

Sur les troncs, assez rare.

106. V. ERYTRELLA. Ach. Nyl *l. sc.* p. 142 ; *Lecanora* Ach. *Syn.* p. 175 ; *Lecidea aurantiaca* var. *flavovirescens* Schœr. *En.* p. 149.

Sur les rochers calcaires ; environs de Grauves. Rare.

107. V. OCHRACEA. Nyl. *Prod.* p. 76 ; *Xanthrocarpia ochracea* Mass. *mém.* p. 119 ; *Patellaria spec.* Müller. *Class. Lich. de Genève.*

Sur les rochers ; environs d'Oger, Grauves. Rare.

108. L. HOLOCARPA (Ehrh.). *Lecidea luteo-alba* var. *Holocarpa* Ach. *Syn.* p. 49 ; *Lecid. aurantiaca* var. *Holocarpa* Flk.

Sur les bois exposés à la pluie.

b. Thalle cendré, blanchâtre ou nul.

b Stirps Lecanoræ cerinæ.

1° Apothécies lécanorines.

109. L. CERINA. Ach. *Syn.* p. 73 ; *Patellaria* D C. *Fl. fr.* 2, p. 360 ; *Lecidea* Schœr.

Commun sur les arbres, les bois ; cosmopolite.

110. L. HÆMATITES (Chaub.). Roumeguère, *Crypt. illustrée, Lich.* p. 46.

Sur les peupliers, marronniers ; Châlons, etc.

2° Apothécies biatorines (par le développement imparfait du bord thallin).

111. L. ULMICOLA D C. *Fl. fr.* 2, p. 358.

Ne pas confondre le *Lec. ulmicola* D C. avec le *Lec. pyracea* Ach. *Syn.* p. 49 : l'habitat n'est pas le même, les apothécies du *Lec. ulmicola* sont plus grandes et plus serrées. Cette espèce habite sur l'écorce des vieux ormes qu'elle couvre quelquefois en entier, du côté du midi. Son nom, *ulmicola*, me paraît devoir être conservé par rapport à son habitat, qui ne varie pas.

Commun sur les ormes de l'allée de Forêts, à Châlons.

112. L. PYRACEA. Ach. *Syn.* p. 49 ; Nyl. *l. sc.* p. 145 ; *Lichen aurantiacus* Lightf., *Patellaria aurantiaca* D C. *Fl. fr.* 2, p. 358.

Commun sur les écorces lisses, peupliers, noyers, etc.,

113. V. RUPESTRIS (Scop.). Nyl. *l. sc.* p. 145.

Sur les roches calcaires ; Saran, etc.

114. L. CALVA (Dicks.) Nyl. *l. sc.* p. 147 ; *Lecidea rupestris* var. *Calva* Ach. *Meth.* p. 70 ; *Parm. cerina* v. *Calva* Fr. *L. E.* p. 167 ; *Biatora rupestris* Krb.

Sur les roches calcaires ; commun dans la montagne.

115. V. IRRUBATA. Ach. *Syn.* 40. var. *rufuscens* Schœr. ; *Patellaria irrubata* Duby.

Sur les pierres des murs, des ponts ; Châlons, Chapelaine. Commun sur les pierres et les rochers dans le vignoble.

116. L. FERRUGINEA. Huds. Nyl. *l. sc.* p. 143 ; D C. *Fl. fr.* 2, p. 358, *L. cinereofusca* Ach.

Sur les arbres. Sans être commun, on le trouve dans tout le département de la Marne.

117. V. FESTIVA. Nyl. *l. sc.* p. 143 ; *Patellaria lamprocheila* D C. *Fl. fr.* 2, p. 357.

Sur les rochers ; Halle-aux-Vaches, près d'Oger, etc.

118. L. LALLAVEI. Clem. Nyl. *prod.* p. 77 : *Lecidea* Ach. *Syn.* p. 45 ; *L. erythrocarpia* v. Sch. *En.* p. 145 ; *Patellaria* D C. *Fl. fr.* 6, p. 182, *Blastenia* Krb.

Sur les rochers calcaires, dans la montagne ; rare.

B Spores fusiformes à 3-7 cloisons. Apothécies rouges.

c Stirps *Lecanoræ ventosæ.*

Phialopsis Krb.

119. L. HŒMATOMMA Ach. *Syn.* p..178 ; Nyl. *l. sc.* p. 172 ; *Patellaria* D C. *Fl. fr.* 2, p. 355 ; *Hœmatomma coccinea* Krb.

J'ai vu des échantillons sans fructification sur les roches meulières à Vinay ; il est très-commun en fructification sur les roches de grès dans les environs de Château-Thierry.

◉◉ Apothécies noires, brunes, grises ou pâles.

A Spores simples.

a. Apothécies enfoncées (excepté *L. gibbosa*).

d Stirps *Lecanoræ cinereæ*.

Aspicilia Mass. Krb.

120. L. GIBBOSA. Ach. *Syn.* p. 139. Nyl. *l. sc.* p. 154.

Sur les rochers ; à La Sablière, forêt du Mesnil-sur-Oger.

121. L. CINEREA (L.) Nyl. *l. sc.* p. 153 ; *Urceolaria* Ach. *Syn.* p. 140 ; *U. tessulata* D C. *El. fr.* 2, p. 371.

Sur les rochers de grès ; dans la forêt du Mesnil.

122. L. SUBDEPRESSA. Nyl. *l. des Pyrénées*, 1872, p. 34.

Sur les rochers ; forêt du Mesnil, lieudit la Sablière.

123. L. CALCAREA. Ach. Nyl. *l. sc*, p. 154 ; *Urceolaria* Ach.

Sur les rochers ; à Grauves, Avize, Saran, etc.

124. FORMA FARINOSA. Flk. Roumeguère, *Crypt. illustrée Lich.* p. 46.

Sur les roches ; à Grauves.

125. FORM. OPEGRAPHOÏDES D C. *Sub urceolaria Fl. fr.* 2, p. 371.

Assez commun sur les pierres calcaires, surtout des vignobles.

126. FORM. CORTICOLA.

Je l'ai récolté sur des pins, aux environs de Cheniers.

127. L. CONTORTA. Flk. *Urceolaria* D C. *Fl. fr*. 2, p. 370 ;
Urc. calcarea v. *Hoffmanii* Ach. *Syn*. p. 143.

Sur les pierres, les galets des lieux montueux surtout.

128. FORM. CORTICOLA.

Sur les branches de nerprun ; côtes à Grauves.

e Stirps *Lecanoræ tartareæ*. Spores grandes ayant une
longueur d'environ 40-70 micromillim.

Ochrolechia Mass. Krb.

b. Apothécies non enfoncées.

129. L. PARELLA (L.) Ach. *Syn*. p. 169 ; *Parm. pallescens*
Fr. *L. E*. p. 132.

Sur les rochers ; Halle-aux-Vaches, près d'Oger. Sur les
roches meulières ; à Vinay. Assez rare.

f Stirps *Lecanoræ subfuscæ*. Spores d'une longueur de
10-30 micromillim.

130. L. ATRA. Ach. *Syn*. p. 146 ; *Patellaria tephromelas*.
D C. *Fl. fr*. 2, p. 362.

Sur les écorces, dans les forêts, sur les rochers.

131. L. SUBFUSCA. Ach. *Syn*. p. 157 ; Nyl. *l. sc*. 159.

Sur les écorces, les pierres, l'argile, les bois ; cosmopolite.

132. V. INTUMESCENS. (Reb.) *Lecan. intumescens* Krb.
Hepp. *Flech. Eur*. 614.

Sur le hêtre, etc., dans les forêts.

133. L. CAMPESTRIS. Schœr.; *Lecan. subfusca* v. *campestris*
Hepp. *Fl. Eur*. n° 63.

Sur les pierres des murs ; Lenharrée, murs de l'église.

134. L. ALBELLA (Pers.) Ach. *Syn*. p. 168 ; Nyl. *l. sc*.
p. 162.

Sur les arbres à écorce presque lisse, dans les forêts.

135. L. ANGULOSA Ach. *Syn.* p. 166 ; Nyl. *l. sc.* p. 161.

Sur les arbres, les noyers, à Châlons, etc.

136. L. SCRUPULOSA Ach. *Syn.* p. 160 ; Nyl. *l. sc.* p. 162. Malb. *Lich. de Normandie*, p. 156.

Sur les marronniers ; Châlons, etc.

137. L. HAGENI. Ach. *Syn.* p. 167 ; *Patellaria dispersa* D C. *Fl. fr.* 2, p. 263.

Sur les bois, les racines découvertes ; cosmopolite.

138. L. UMBRINA. (Ehrh.)

C'est une sous-espèce du *L. hageni* ; la seule différence est tirée des spermaties.

Sur les bois, les barrières ; Châlons, etc.

139. L. CRENULATA (Dicks.). *E. cæsio alba* Krb. Par. 82 ; *Lec. sommerfelliana* Hepp. *Fl. Eur.* n° 62. (Nyl. *Obs. critiques sur les Lichens d'Europ.*, publiées par le docteur Hepp).

Sur les murs, à Lenharrée, etc.

140. L. GLOCOMA v. SUBCARNEA. Ach. Nyl. *l. sc.* 159 ; *Lecanora subcarnea* Ach. *Syn.* p. 45.

Sur les rochers ; Grauves. Rare. J'en ai récolté des échantillons magnifiques dans les environs de Château-Thierry , sur les rochers de grès.

141. L. VARIA. Ach. *Syn.* p. 161 ; Nyl. *l. sc.* p. 163.

Sur les bois ; rarement sur les écorces.

142. V. CONIZÆA. Ach. Nyl. *l. sc.* p. 163 ; Malbr. *Lich. de Norm.* p. 158.

Fréquent sur les pins.

143. V. LUTESCENS. D C. *Fl. fr.* p. 354 ; Malb. *Lich. de Norm.* p. 158.

Sur les vieux troncs de saules.

144. V. symmicta. Ach. Nyl. *l. sc.* p. 163 ; *Lecanora symmicta* Ach. *Syn. in Em.* p. 340.

Sur les écorces, les troncs morts, surtout sur le bois mort des pins où on a coupé des branches.

Apothécies adnées ou innées ; stérigmates et spermaties inconnues.

Zeora Krb.

145. L sulfurea. Ach. Nyl. *l. sc.* p. 165 ; *Lecidea sulfurea* Ach. *Syn.* p. 37.

Sur les murs ; environs de Dormans et Port-à-Binson ; sur les roches meulières, à Vinay. Il fructifie peu ou pas. Fréquent aux environs de Château-Thierry, sur les murs.

B Spores à 1-3 cloisons (1-3 septées).

g Stirps *Lecanoræ Erysibæ*.

Biatorinæ Mass. Krb.

146. L. erysibe Ach. Nyl. *l, sc.* p. 167 ; *Lecidea luteola* var. *erysibe* Ach. *Syn.* p. 41 ; *Biatora* Fr.

Sur les pierres des murs de l'église de Lenharrée.

147. L. albariella. Nyl. *Botaniche zeitung* v. *mohl,* etc. 1861.

Sur les murs de clôture, à la ferme de Coolus, près de l'église.

148. L. athroocarpa. Dub. B. Gall. 2, p. 669.

Sur des vieux frênes, aux Flammiers ; Châlons.

149. Var. syringea. (Ach.) *Lecanora hageni* v. *syringea. Syn.* p. 163.

Sur l'écorce des jeunes érables, près de la scierie Hubert, aujourd'hui fabrique de draps Ehrer ; Châlons.

Certains Lichenologues réunissent le **L. athroocarpa** à la *var. syringea* ; ils n'ont ni le même habitat, ni le même facies de l'apothécie.

†† Spores fuligineuses, brunes, à une cloison (bi-loculaires).

h Stirps *Lecanoræ sophodis*.

Rinodina Mass.

1° Apothécies lécanorines ; thalle granuleux gris.

150. L. ATROCINEREA. Dicks. *Psora atro-cinerea* Hepp. *Flech. Eur.* n° 412 ; *Rinodina atro-cinerea* Krb. *Syst.* p. 125.

Sur les roches de grès ; dans la forêt du Mesnil, au lieudit la Sablière.

2° Apothécies petites, presque lécidéines ; thalle gris ou fruste.

151. L. SOPHODES. Ach. *Syn.* p. 153.

Sur les écorces lisses, peupliers.

152. V. EXIGUA. Nyl. *l. sc.* p. 150. *Lec. Periclea* v. *exigua* Ach. *Syn.* p. 151 ; *L. atra* v. *exigua* Sch. *En.* p. 72.

Sur les vieux bois, les barrières, et aussi sur l'écorce des chênes.

3° Apothécies à bord granulé ; thalle noir à l'état sec, vert noirâtre à l'état humide.

153. L. BISCHOFFII. Hepp. *Psora bischoffii* Hepp. *Flech. Eur.* n° 81 ; *Lecid. disciformis* var. *stigmatea* Nyl. *Obs. critiques sur les Lich. d'Eur.*, publiées par le docteur Hepp. Paris, 1854 ; *L. atra* var. *discolor* Schœr. *En.* p. 72.

Sur les rochers du Mesnil ; à Avize ; la forme *acrustacea*, sur les murs de clôture de la ferme du domaine de Chapelaine.

154. L. LEPROSA. Mass. *Lobaria obscura* v. *leprosa* Hepp. *Flech. Europ*, n° 55 ; *Rinodina leprosa* Mass.

Sur les racines découvertes et le pied des peupliers, au bord du canal de Châlons à Saint-Martin, côté nord-est.

IV° Section.

PSEUDOLECANORÆ (Lécanores fausses).

i Stirps *Lecanoræ cervinæ*.

Myriospora Hepp.

Thalle crustacé squamuleux ou aréolé, très-rarement ayant des limites circulaires ou rayonnées. Apothécies parfois urcéolées. Thèques polyspores (20-100). Spermogonies enfoncées dans le thalle ; spermaties petites, oblongues, ellipsoïdes, portées sur des stérigmates simples.

1° Thalle squamuleux.

155. L. CERVINA (Pers.). Ach. *Syn.* p. 188 pr. p. ; Nyl. *l. sc.* p. 174 ; *Parm.* Fr. *L. E.* p. 127 ; *Acorospora* Mass.

Trouvé une seule fois sur une couverture en tuiles.

NOTA. — Le *Lecanora pruinosa* est reporté dans le genre *Lecidea*, n° 229.

III. URCEOLARIA. Ach. pr. p. Nyl.

Thalle crustacé, grenu ou aréolé, hypothalle ou confondu avec le thalle, ou fibrilleux et rayonnant à la périphérie de celui-ci. Apothécies immergées, urcéolées, d'abord fermées, à disque noir, saupoudrées d'une poussière grisâtre, entourées d'un bord propre, charbonneux, et d'une bordure thallodiaire persistante. Thèques claviformes contenant

4-8 spores, ovoïdes-elliptiques (murales), 3-5 septécs en largeur, 1-2 septées en longueur (*Pl.* 3, *fig.* 35) ; paraphyses capilliformes ou un peu épaissies à leur sommet, colorées en brun à l'extrémité. La solution aqueuse d'iode colore en jaune la gélatine hyméniale. Spermogonies ovales-globuleuses ; spermaties cylindriques portées par des stérigmates courts et simples.

156. U. scruposa. Ach. *Syn.* p. 142 ; D C. *Fl. fr.* 2, p. 372 ; Nyl. *l. sc.* p. 176.

Commun sur les pâtis ; Halle-aux-Vaches, près d'Oger.

157. V. bryophila. Ach. Nyl. *l. sc.* 177; *Gyalecta bryophila* Ach. *Syn.* p. 10.

Parasite des mousses et du *cladonia pixidata*.

158. U. gypsacea. Ach. *Urceoloria scruposa* v. *cretacea* Sch. *En.* p. 90; *Gyalecta cretacea* Ach. *Syn.* p. 10.

Sur les rochers de grès ; frontière de l'Aisne. Commun aux environs de Château-Thierry, sur les rochers de grès.

159. U. actinostoma (Pers.). Sch. *En.* p. 187; *Verrucaria* Ach. *Syn.* p. 95 ; *Urc. striata* Dub. *Thelotrema radiatum* Pers. in *Act. West.*

Sur les murs ; vers la frontière de l'Aisne. Commun aux environs de Château-Thierry.

IV. PERTUSARIA. Dc.

Thalle crustacé blanc ou jaunâtre, aréolé-verruqueux, quelquefois indéterminé, lépreux ou isidioïde dans ses formes anormales (*variolaria isidium*). Apothécies verruciformes irrégulières, à plusieurs loges ; épithécium (appelé pore) fermé par la gélatine hyméniale, excipulum simple, formé de protubérances thallines spéciales. Thèques grandes ou normales; 1-2 spores ou 5-8 spores. *(Pl. 3, fig. 42.)* Paraphyses linéaires longues. (Ces organes sont tous plongés dans une sorte de gelée incolore que l'eau distend extrêmement, et ne sont point pressés les uns contre les autres.) L'iode colore les thèques et les paraphyses en bleu très-vif ; mais la gangue muqueuse qui les entoure reste incolore ainsi que l'endospore. Spermogonies éparses, noirâtres, indiquées à la surface du thalle par de très-fines ponctuations ; stérigmates simples ; spermaties droites, aciculaires.

1° 1-2 spores en une thèque.

160. P. COMMUNIS. D C. *Fl. fr.* 2, p. 320 ; Nyl. *l. sc.* p. 178; *Porina pertusa* Ach. *Syn.* p. 109.

Sur les écorces ; cosmopolite.

161. P. COMM. v. AREOLATA (Clem.). *Pert. com.* v. *rupestris* D C. *Fl. fr.* 2, p. 320.

Sur la terre, dans les pâtis ; Oger, Avize, Gionges, etc.

162. P. AMARA. Ach. *Pert. sorediata* Fr. *Variolaria amara* Ach. *Syn.* p. 131 *variol. faginea* D C. *Fr. fr.* 2, p. 324.

Commun sur les troncs du hêtre, etc.

163. P. GLOBULIFERA (Turn.). *Variolaria globulifera* Ach. *Syn.* p. 130.

Sur les troncs des ormes, etc. ; vulgaire.

2° 5-8 spores en une thèque.

164. P. PUSTULATA. Ach. *Porina pustulata* Ach. *Syn.* p. 110.

Sur les chênes ; dans les forêts.

V. PHLYCTIS. Wallr.

Thalle crustacé, imitant celui des opégraphes, délicatement gercé et crevassé, et formant des taches irrégulières d'un blanc cendré. Il se développe, comme l'a indiqué M. Tulasne, sous une couche infiniment mince des cellules tubulaires de l'écorce qui le porte. Apothécies maculiformes, munies d'un léger bord propre, et innées dans les verrues peu saillantes qui leur tiennent lieu d'excipule thallodiaire, et dont elles restent entourées après qu'elles se sont régulièrement ouvertes ; epithécium noirâtre ; paraphyses filiformes, quelquefois épaisses à leur sommet, divisées ; thèques claviformes, à paroi excessivement mince, insensibles à l'action de l'iode. 1-2 spores grandes, elliptiques, allongées, mucronées aux deux extrémités, divisées transversalement en 12 ou 15 étages, subdivisées en loges nombreuses.

165. PHL. AGELÆA. Wallr. ; *Thelotrema variolarioïdes* Ach. *Syn.* p. 117 ; *Pertusaria leioplaca* f. *variolosa* Sch. *En.* p. 230.

Commun sur les troncs.

Trib. XIV. LÉCIDÉINÉS.

I. LECIDEA. Ach. Nyl.

Ce genre est particulièrement caractérisé par des apothécies lécidéines toujours noires (marge propre formée par le pourtour de l'excipulum et dans la constitution de laquelle le thalle reste étranger), ou biatorines jamais noires (c'est-à-dire convexes, à marge indistincte, presque effacée), et, dans quelques espèces, de forme irrégulière, flexueuses ou anguleuses, comme dans les *Lecidea myrmecina, cerebrina jurana, etc.*, espèces étrangères aux Lichens de la Marne. Hypothecium coloré uniformément, quelquefois diversement coloré dans ses parties latérales. Gélatine hyméniale habituellement colorée en bleu, quelquefois en jaune ou en rouge vineux par la solution d'iode ; peu colorée et insensible à l'action du réactif dans plusieurs espèces ; thèques souvent colorées à leur sommet par la même solution.

Dans la division des *Biatora*, les éléments cellulaires des thalles amorphes ou pulvérulents sont épars sur des filaments incolores et fragiles, presque privés de cavité intérieure ; çà et là se montrent de petits coussinets blanchâtres, formés à l'intérieur de gonidies sphériques, à membrane très-mince, et extérieurement d'utricules épidermiques, qui ont la même forme que les gonidies et des parois fort épaisses. Ces utricules sont remplis d'une matière solide et blanchâtre que l'iode colore en brun ; ils sont liés les uns aux autres par une abondante matière intercellulaire qui se colore en bleu sous l'action de l'iode, employé après l'acide sulfurique.

La couche médullaire forme la majeure partie du thalle dans les espèces de la division des *Lecidea* de Fries. Cette couche est formée par un tissu (filaments blancs entrelacés) dense et friable, plus résistant dans la partie inférieure, celle qui adhère au support du lichen. Les filaments primaires, souvent colorés, ainsi que l'a fait connaître M. L. R. Tulasne, ou se terminent tous aux bords épais et entiers du thalle, comme dans les *Lecidea atro-brunea et morio* Schœr. et d'autres semblables ; ou ils les dépassent et ajoutent au lichen une zone marginale confervoïde, sur laquelle les couches diverses du thalle s'étendent ensuite peu à peu en la recouvrant. Ces mêmes filaments prennent surtout un extrême développement dans le *L. Petræa* Flt. ; ou, par leur ténuité, leur élégante ramification et leur couleur d'un vert sombre, ils ressemblent beaucoup à certaines oscillaires. Tout en conservant la même organisation, le thalle semble, dans quelques espèces de cette division, fuir la lumière, et il s'insinue dans les plus étroites fissures des rochers et ne se développe que là ; les apothécies seules se montrent au jour et indiquent que le thalle existe, par la disposition linéaire qu'elles affectent. Le *Lecidea contigua* Fr. offre le type de cette dernière organisation.

Spermogonies globuleuses ou ovalaires, noires ou rosées, ordinairement solitaires sur le thalle ou groupées deux ou trois ensemble, quelquefois mêlées aux apothécies, inconnues dans les *Lecidea*, dont les apothécies ne sont pas developpées (*L. ostreata*). Pycnides rares, distinctes sur le thalle ou mêlées aux apothécies (*L. vernalis*).

1re SECTION.

Apothécies biatorines (non noires).

† Apothécies concaves ou verrucariformes.

A Apoth. immergées dans la pierre.

1°	Apoth. d'un brun noir, roussâtres étant humides .	166
2°	Apoth. roses, déformées......................	167
3°	Apoth. carnées, verrucariformes, à bordure découpée	168

B Apoth. non immergées ou peu enfoncées.

a Spores à plusieurs cloisons, murales.

1°	Corticole.............................	169
2°	Saxicole.............................	170
b	Spores simples ou à une cloison, fusiformes......	171

†† Apoth. convexes ou planes, quelques-unes noirâtres

(*Anomala, uliginosa, atrosanguinea, denigrata, endoleuca et difformis.*) ....

A Spores oblongues, ellipsoïdes, ovoïdes-ellipsoïdes.

a	Thalle squamuleux....................	172

b Thalle granuleux, lépreux ou pulvérulent.

a Spores simples.

1°	Thalle saxicole, gris ou blanchâtre.............	173 à 174
2°	Thalle terricole noirâtre....................	175

3° Thalle corticole, mince, blanchâtre............. 176

— · cendré jaunâtre ou verdâtre..... 174

4° Thalle sur les mousses, verdâtre............... 178

b Spores à une cloison ; thalle corticole........... 179

Spores quelquefois resserrées au milieu.......... 180

Spores quelquefois simples.................... 181

B Spores fusiformes ou oblongues-fusiformes 1-5 cloisons.

1° Spores à 3-5 cloisons..................... 182 à 183

2° Spores à 1-3 cloisons..................... 184

3° Spores régulièrement à 3 cloisons............. 185

C Spores aciculaires ou bacillaires simples ou cloisonnées.

1° Apothécie d'un brun rougeâtre.............. 186

2° Apoth. d'un roux-jaunâtre ou carné pâle........ 187

3° Apoth. brunes ou bleuâtres................. 188

4° Apoth. brunes-noirâtres { sur les écorces....... 189

{ sur les mousses....... 190

D Spores globuleuses ; thèques polyspores ; thalle sur la résine.

1° Apoth. orangées-rougeâtres ou roussâtres....... 191

2° Apoth. brunes ou brunes-noirâtres... 192

2ª SECTION.

Apothécies noires.

† Thalle diversement coloré, non citrin.

A Thalle squameux ou cartilagineux lobé.

1° Thalle composé de squames distinctes d'un rouge carné................................ 193

2° Thalle composé de tubercules distincts, couvert d'une pruine bleuâtre.................... 194

3° Thalle verruqueux plissé subsquameux 195

B Thalle tartareux, cartilagineux, granuleux, verruqueux, ou lisse, ou aréolé.

* Spores hyalines simples.

A Thalle corticole.

1° Thalle cendré.. 196 à 199
2° Thalle cendré-jaunâtre ou jaune-verdâtre........ 200
3° Thalle jaunâtre.................................... 201
4° *Thalle blanc*..................................... 202
B Thalle saxicole.
1° Thalle un peu ochracé, sur les murs en terre. ... 203
2° Thalle cendré obscur, sur les roches calcaires. ... 204
3° Thalle légèrement bruni, aréolé, limité de noir,
      sur les rochers de grès 205

a Apothécies bien caractérisées par une zone (hymenium) blanche cendrée qui entoure un noyau
      noir... 206 à 209
1° Apoth. enfoncées dans la pierre.................. 210 à 211
2° Apoth. non enfoncées, spores à 1-3 nucleus... ... 212 à 213
** Spores brunes-noirâtres ou incolores, murales
                            { Sp. brunes, peu murales   214
1° Thèques à 4-8 spores. { Sp: murales........... 215 à 216
2° Thèques à 1 spore, rarement 2. 217

' Spores brunes, à 1-3 cloisons (Type du Lecidea
       disciformis.
1° Spores à 3 cloisons............................. 218 à 223
2° Spores à 1 cloison, rarement 2 (myriocarpa)...... 224 à 225

**** Spores incolores ellipsoïdes à 1-5 cloisons.

1° Spores à 1 cloison, quelquefois nébuleuse........ 226
2° Spores à 3 cloisons............................. 227

C Thalle presque nul, ou granuleux un peu épais
       (L. sanguinaria).

a Thèques à 8 spores, petites hyalines à 1 cloison
       (ou simples)................................. 228
b Thèques polyspores (20-100); apothécies enfoncées
       dans la pierre............................. 229
c Thèques monosporés............................. 230
†† Thalle citrin; spores parenchymateuses.......... 231

1ʳᵉ *Section.*

Apothécies biatorines (quelques espèces à apothécies lécidéines y sont placées à cause de leurs autres affinités) ; spores hyalines ; dans la première sous-division, thalle rare, granuleux, pulvérulent, uniforme ou usé.

† Apothécies concaves ou verrucariformes plus ou moins enfoncées dans la pierre, de couleurs pâles, jaunes, roses ou brunes ; thèques cylindriqnes, spermogonies sphériques, émergées, de consistance cornée.

A Apothécies immergées dans la pierre.

1° Apoth. d'un brun noir, roussâtres, humides (*Hymenelia* Krb.).

166. L. MELANOCARPA. Nyl.

Sur les roches calcaires ; Grauves. Rare.

2° Apothécies roses, difformes, (voisin du *Lecid. prevostii.*)

167. L. AFFINIS (Mass.) *Hymenelia affinis* Mass., Arnold., etc.

Sur les rochers calcaires, au pied de l'angle de la côte du chemin de Grauves, à Avize, près de la cendrière de M. de Casanove ; Grauves.

3° Apothécies verrucariformes, bord fendillé dans le sens radial, disque peu ouvert, à lobes connivents (*Petractis* Krb).

168. L. EXANTHEMATICA (Sm.). Nyl. *l. sc.* p. 188 ; *Volvaria* D C. *Fl. fr.* 2, p. 373 ; *Thelotrema* Ach. *Syn.* p. 116 ; *Gialecta* et *Petractis* Fr. ; *Thelotrema clausum* Sch. *E.*, p. 225.

Sur les rochers calcaires ; au-dessus d'Oger.

B Apothécies concaves non immergées ou peu enfoncées (*Gialecta* Ach.).

1° Spores à plusieurs cloisons, parenchymateuses, murales.

169. L. TRUNCIGENA (Ach.). Nyl. *l. sc.* p. 190; *Gyalecta wahlenbergiana* var. Ach. *Syn.* p. 9.

Sur les ormes; allées de Forêts. Châlons.

170. L. CUPULARIS (Ach.). Nyl. *l. sc.* p. 189; *Gyalecta* Ach. *Syn.* p. 9; *Lecanora Duby.*

A la base des rochers; à Grauves, près du village.

2° Spores simples ou à une cloison, fusiformes.

171. L. PINETI. Ach. *Syn.* p. 41; Nyl. *l. sc.* p. 191; *Biatora vernalis* var. *pineti* Fr. *L. E.* p. 261.

A la base des pins, surtout sur ceux qui conservent un peu d'humidité.

†† Apothécies convexes, souvent planes, quelques-unes noirâtres (*anomala*, *uliginosa*, *difformis*, *atrosanguinea*, *denigrata* et *endoleuca*). Cette division représente la plus grande partie des *Biatora* Fr.

Biatora Fr.

A Spores simples ou cloisonnées, oblongues, ellipsoïdes, ovoïdes-ellipsoïdes.

a Thalle squamuleux.

172. L. LURIDA. Ach. *Syn.* p. 51; Nyl. *l. sc.* p. 192; *Biatora* Fr. *L. E.* p. 253; *Psora* D C. *Fl. fr.* 2, p. 370.

Sur les rochers; Avize, Grauves, etc.

b Thalle granuleux, lépreux ou pulvérulent.

a Spores simples.

1° Thalle saxicole, mince, presque aréolé, blanchâtre ou gris glauque.

173. L. COARCTATA. Nyl. *l. sc.* p. 196 ; *Lecanora* Ach. *Syn.* p. 149 ; *L. ocrinæta* et *Lecid. cotaria* Ach.

. Sur les galets, dans les bruyères, etc.

174. L. ATROSANGUINEA. Hoffm. (Hepp. *Fl. E.* N° 252.

Sur les rochers calcaires ; le Mesnil, Vertus, etc. Rare.

2° Thalle terricole, brun-noirâtre ou brun fuligineux.

175. L. ULIGINOSA. Ach. *Syn.* p. 25 ; Nyl. *l. sc.* p. 198 ; *Biatora* Fr. *L. E.* p. 275 ; *Lecid. fuliginea* Ach. *Syn.* p. 35.

Sur la terre, dans les bruyères ; Saran, près d'Avize.

3° Thalle corticole.

176. L. TURGIDULA (Fr.). Sch. *En.* p. 130 ; *Lecidella* Krb. ; *Lecidea vernalis* var. *denudata* Schœr.

Sur les pins ; Cheniers, Lenharrée. Rare.

177. L. DENIGRATA. Sch. *Biatora denigrata* Krb. : *Lecanora varia* var. *denigrata* Schœr. *En.* p. 83 ; *Lecidea alba* Sch. *En.* p. 125.

Sur les pins, à Lenharrée, côté de Vaurefroy.

4° Thalle sur les mousses ; verdâtre ; spores simples, rarement à une cloison.

178. L. VERNALIS Ach. *Syn.* p. 36 ; Nyl. *l. sc.* p. 200 ; *Biatora* Fr. *L. E.* p. 260 ; *L. sphæroides* Schœr. *En.* p. 139.

Sur les mousses détruites. Rare.

b Spores à une cloison ; thalle corticole.

179. L. CYRTELLA. Ach. Nyl. *l. sc.* p. 206 ; *Biatorina* Krb. ; *Lecid. anomala* v. Schœr. *En.* p. 138 ; *Patellaria* Duby.

Sur les branches de saules, de cornouillers, etc. ; Châlons.

180. L. LIGHTFOOTHII (Sm.). Ach. *Syn.* p. 34 ; *Biatora*

Krb. *Parerg.*, p. 141 ; *Lecanora sophodes* v. *pyrina* Mougeot. *St. V.* 839.

A la base des troncs de pins ; Morains ; rare.

181. L. ANOMALA (Fr.). Nyl. *l. sc.* p. 202 ; *Biatora* Fr. *L. E.* p. 209 ; *Lecid. vernalis* var. *anomala* Mougeot.

Sur les écorces.

B Spores fusiformes ou oblongues-fusiformes, 1-5 cloisons ; le plus souvent 3-5.

(*Toninia* Mass.)

182. L. SABULETORUM (Flk.) Ach. *Syn.* p. 20 ; Nyl. *l. sc.* p. 204 ; Malb. *L. Norm.* p. 188.

Sur les mousses des vieux murs ; commun.

183. V. MILLIARIA (*L. milliaria* Fr. *L. E.* p. 342) ; Nyl. *l. sc.* p. 205 ; *L. sphæroides* var. *milliaria* Malbr. *Lich. de Normandie*, p. 188.

A la base des pins ; à Lenharrée.

184. V. TRIPTICANS. Nyl. *l. sc.* p. 205 ; *L. sphæroïdes* Malb. *Lich. de Norm.* p. 188.

Sur les petits murs, dans les vignes, parmi les mousses ; Avize, Oger, etc.

185. L. NAEGELII. Hepp. *Flech. Europ.* n° 19.

Sur les pins ; Flavigny, etc.

C Spores aciculaires ou bacillaires, simples ou cloisonnées. (*Bacidia* De Not.)

1° Apothécies d'un roux jaunâtre ou carné, ou brun-rougeâtre ; spores longues, le plus souvent aciculaires.

186. L. LUTEOLA. Ach. *Syn.* p. 41 ; *Biatora vernalis* var. Fr. *L. Eur.* p. 260 ; *Patellaria rubella* D C. *Fl. fr.* 2, p. 356 ; *Lecid.* Sch.

Sur les écorces, à la base des troncs ; cosmopolite.

2° Apothécies carnées, pâles.

187. VAR. INTERMEDIA. (Hepp. Stizemb. *Lecidea nadelf.* sopore p. 42) ; var. *deformis*, Brisson, donné sous ce nom à la Société helvétique. Echanges de plantes, 1871.

Sur lés écorces mortes, surtout des érables ; Châlons, Vassimont, Vitry-la-Ville.

3° Apothécies brunes, quelquefois couvertes d'une pruine bleuâtre, planes ou convexes ; spores bacillaires.

188. V. FUSCELLA (Fr.). Nyl. *l. p.* p. 135 ; var. *fusco rubella* Ach. *Syn.* p. 41 ; Nyl. *l. sc.* p. 209 ; Malb. *L. de Norm.* p. 192.

Ce Lichen est très-commun à la base des troncs, surtout des jeunes ormes.

4° Apothécies noires ou noirâtres.

189. L. ENDOLEUCA. Nyl. *Biatora premnea* Leight ; *Bacidia atrogrisea* Krb. Par. p. 133.

Sur l'écorce des chênes ; dans les forêts.

190. L. BACILIFERA V. MUSCORUM. Nyl. *l. c.* ; *L. muscorum* SW. Nyl. *Bot. not.* 1852, p. 175.

Sur les mousses, surtout dans les pins, où il est commun.

D Spores globuleuses ; thèques polyspores.

1° Apothécies orangées, rougeâtres ou roussâtres.

191. L. RESINÆ. Fr. *Obs. myc. l. p.* p. 180 ; Nyl. *l. sc.* p. 213 ; *Peziza* Fr. *syst. myc.*

Sur la résine des épicéas, à Champigneul, près de la héronnière, où il est commun à l'état spermogonifère ; parc du domaine de Chapelaine. Rare.

2° Apothécies brunes ou brunes noirâtres.

192. L. DIFFORMIS. Nyl. *En. Lichen.*

Sur la résine des épicéas ; parc du château de Chapelaine.

2° Section.

Apothécies typiquement noires (Lecidea proprement dites), très-rarement d'un brun roussâtre ou brunes noirâtres (*rivulosa, lenticularis, oolithina*).

† Thalle diversement coloré, non citrin.

A Thalle squameux ou cartilagineux lobé.

1° Thalle composé de squames distinctes, peltiformes, presque imbriquées, d'un rouge carné pâle ou briqueté ; spores simples, ovoïdes, elliptiques.

193. L. DECIPIENS. Ach. *Syn.* p. 52 ; *Biatora* Fr. *L. E.* p. 252 ; *Psora* D C. *Fl. fr.* 2, p. 369.

Sur les côtes ; à Grauves, côté de la Halle-aux-Vaches ; sur les rochers recouverts d'un peu de terre ; Saran.

2° Thalle composé de tubercules distincts, gris, couverts d'une pruine bleuâtre ; spores fusiformes étroites, à deux nucleus.

194. L. VESICULARIS. Ach. *Syn.* p. 51 ; Nyl. *l. sc.* p. 214 ; *Psora* D C. *Fl. fr.* 2, p. 368 ; *Lecid. cœruleo-nigricans* Sch. *En.* p. 101 ; *Thalloidima vesicularis* Krb.

Sur la terre, dans les pins et dans les pâtis.

3° Thalle gris-sale, verdâtre, plissé, verruqueux, subs-quameux ; spores oblongues, cylindriques à une ou trois cloisons.

195. L. AROMATICA. Ach. *Syn.* p. 19 ; *Biatora* Hepp., *Fl. Eur.* N° 283 ; *Toninia* Krb., *Par.*, p. 122 ; *Lecid. Sabuleto-rum.* v. *Campestris* Fr.

Sur les murs de l'église de Lenharrée, etc.

7

B Thalle tartareux, cartilagineux, granuleux, verruqueux ou lisse, ou aréolé.

* Spores hyalines simples.

196. L. PARASEMA. Ach. *Syn.* p. 17 ; Nyl. *l. sc.* p. 216 ; *Patellaria* D C. *Fl. fr.* p. 347.

Sur les troncs, cosmopolite.

197. V. GLOMERULOSA. (D C. sub *Patellaria.*) *Patell. gl.* Dub.

Sur les écorces.

F. GRANULOSA. Sur les arbres.

198. V. EUPHOREA (Flk.). *L. enteroleuca* v. Krb. ; *L. lignaria* Ach. *Syn.* p. 26.

Sur les cloisons, les vieilles barrières.

199. V. ENTEROLEUCA. Nyl. *l. sc.* p. 217 ; Ach. *Syn.* p. 19.

Sur les écorces diverses et les bois.

200. V. ELÆOCHROMA. Ach. *Syn.* p. 18 ; Nyl. *l. sc.* p. 217 ; *Lecidella olivacea* Krb.

Sur les écorces et les bois ; vulgaire.

201. V. FLAVENS. Nyl. *l. sc.* p. 217.

Sur les épicéas, à Chapelaine, près Lenharrée.

202. V. LEUCAPLACOIDES. Nyl. *l. sc.* p. 217.

Sur un tronc de frêne, aux Flammiers.

203. V. LEPTODERMA. *Patellaria* Duby ; *L. sabuletorum* v. *pilularis* Fr. *L. E.* p. 341 ; *L. parasema* v. *enteroleuca* (*F. terrestris*). Nyl. *Prod.* p. 124.

Sur les murs en terre, à Vraux, etc.

204. L. MONTICOLA. Ach. Schœr. *En.* p. 117 ; Krb. *Lecid. lapicida* v. Ach. *Syn.*, p. 14.

Sur les roches calcaires ; au Saran, etc.

205. L. RIVULOSA. Ach. *Syn.* p. 28 ; Nyl. *l. sc.* p. 222 ; *Biatora* Fr. *L. E.* p. 271.

1° Le thalle de cette espèce est légèrement bruni, aréolé, limité de noir.

Sur les rochers de grès : forêt du Mesnil, lieudit la Sablière.

206. L. CONTIGUA. Fr. *L. E.* p. 298 ; Nyl. *l. sc.* p. 224 ; *L. confluens.* Ach. *Syn.* p. 16.

2° L'apothécie de cette espèce et de ses variétés est bien caractérisée par une ligne blanche qui entoure un noyau noir.

Sur les rochers de diverses formations.

207. V. PLATYCARPA. Nyl. *l. sc.* p. 224 ; *Lecid. platycarpa* Ach. *Syn.* p. 17.

Sur les rochers; les pierres ; environs d'Epernay ; à Vertus, par la montagne.

208. V. CRUSTULATA. (Flk.). *L. crustulata* Krb. ; *V. meiospora* Nyl. *Lich. sc.* p. 225.

Sur les petites pierres des bruyères.

209. V. CONFLUENS. Ach. pr. p.) Schœr. *En.* p. 18 ; Malbr. *Lich. de Norm.* p. 204 ; Nyl. *L. confluens, l. sc.* p. 225.

Sur les petites pierres, dans les bruyères de Cuis ; à Vertus.

a Apothécies enfoncées dans la pierre.

210. L. CALCIVORA. (Ehrh.). *L. immersa a calcivora* Sch. *En.* p. 126 ; *Hymenelia* et *Lecidella* Krb.

Sur les rochers calcaires ; environs de Grauves.

211. L. CHONDRODES. *Biatora* Mass. symm. teste Arnold ; Krb. *Parerga* p. 162 ; *L. calcivora* Nyl. *L.* p. 138.

Sur les roches calcaires ; rare.

b Apothécies non enfoncées.

212. L. ooliThINA. Nyl. *in Flora* 1862, p. 464 ; *Biatora* Metzleri Krb. Par. p. 162.

Sur les petites pierres calcaires, dans les pins, à Châlons, et sur les rochers calcaires.

213. L. goniophila. (Flk.). Sch. *En.* p. 127.

Sur les pierres, dans les bois.

** Spores brunes noirâtres ou incolores, murales.

1° Thèques à 4-8 spores.

214. L. lavata Nyl. *L. des Pyrénées*, 1872, p. 39 ; *Lecid. petræa* var. *lavata* Nyl. *l. sc.* p. 234.

(Spores resserrées au milieu.)

Fréquents sur les petites pierres, les galets, dans les pâtis, les bruyères, de Vertus à Epernay.

215. L. petræa var. concentrica. Nyl. *l. sc.* p. 234.

Sur les pierres servant de bornes dans les vignes ; Avize, Cramant, etc.

216. L. excentrica. Nyl. *l. sc.* p. 234 ; Ach. *Syn.* p. 15.
Commun sur les pierres servant de bornes dans les vignes ; Avize, Cramant, etc.

2° Thèques à une spore, rarement deux.

217. L. montagnei. Flot. Roumeguère, *Cryptogamie illustrée*, p. 51 ; Hepp. *Fl. E.* N° 28 et 309.

Sur les rochers ; forêt du Mesnil.

Il ne m'a jamais été possible de retrouver cette espèce ; donc elle doit être rare.

*** Spores brunes à 1-3 cloisons. (Type du *Lecid. disciformis.*)

1° Spores à 3 cloisons.

218. L. ALBOATRA. Hffm. Nyl. *l. sc.* p. 235 ; *Lecidea cor-ticola* Ach. *Syn.* p. 32.

Commun sur les troncs ; la forme *farinosa* Ach., sur les frênes, à Coolus.

219. L. LEUCOPLACA. Nyl. *l. sc.* p. 235 ; *Patellaria leuco-placa* D C. *Fl. fr.* 2, p. 347 ; *Diplotomma populorum* Mass. ; *Lecan. pharcidia* Ach *Syn.* p. 147.

Sur les peupliers, à Châlons ; rare.

220. V. EPIPOLIA. Ach. *Lecidea epipolia* Ach. *Syn.* p. 32 ; *Patellaria* D C. *Fl. fr.* 2, p. 353.

Sur les murs en craie surtout ; Coolus, Lenharrée, etc.

221. V. CALCAREA (Weis). *Lec. calcarea* Sch. *En.* p. 120 ; *L. margaritacea* var. Ach. *Syn.* p. 32 ; *Diplotomma venus-tum* Krb.

Sur les rochers ; environs d'Epernay, Vinay.

2° Spores à une cloison, rarement deux. (*L. myriocarpa.*)

222. L. DISCIFORMIS. Fr. Nyl. *l. sc.* p. 236.

Commun sur les troncs.

223. V. LEPTOCLINE. (Flot.). *Bullia leptocline* Krb.

Sur les rochers de grès ; forêt du Mesnil, lieudit la Sablière. Très-commun sur les roches de grès, à Château-Thierry.

224. L. MYRIOCARPA. D C. *Fl. fr.* 2, p. 346 (*sub Patellaria*) ; *L. punctata* v. *punctiformis* Sch. *En.* p. 129 ; Hepp. *Fl. Eur.* N° 41.

Sur les troncs ; commun sur les pins.

225. L. NIGRITULA. Nyl. *L. microspora* Nœg. Hepp. *Fl. Eur.* N° 43 ; *Bullia schereri* de Not.

Moins commun que le *L. myriocarpa*, avec lequel on le confond souvent. Les spores sont plus petites et la cloison plus mince, tout-à-fait semblables aux spores du *calicium pusillum*.

**** Spores incolores ellipsoïdes, à 1-5 cloisons.

1° Spores quelquefois nébuleuses, à une cloison.

226. L. GROSSA. (Pers). Nyl. *l. sc.* p. 239 ; *Lecid. leucoplaca* Fr. S. V. *sc.* (non D C. ex Nyl.) ; *L. Premnea F. L. E.* p. 329.

Sur les érables des forêts ; rare.

2° Spores à trois cloisons.

227. L. ABIETINA. Ach. Malb. *Lich. de Normandie,* p. 214, N° 68 ; *Pyrenothea leucocephala* Fr.

Je n'ai jamais vu ce Lichen qu'à l'état spermogonifère. *Lecidea leucocephala* v. *mougeotii* Sch. *l. c.*

Sur les vieux saules, à Coolus, Lenharrée, etc.

C Thalle presque nul ou granuleux un peu épais. (*L. sanguinaria.*)

a Thèques à 8 spores petites, hyalines, à une cloison ou simples ; paraphyses terminées en massue noire.

228. L. LENTICULARIS. Ach. *Syn.* p. 28 ; Nyl. *l. sc.* p. 242 ; *L. chalybeia* (Borr.) Sch. *E.* p. 117 ; *Biatora holomelæna* v. *chalybeia* Hepp. *Fl. E.* N° 13.

Sur les pierres calcaires servant de murs pour retenir les terres dans les vignes ; environs d'Epernay ; rare. Il est commun à Château-Thierry.

b Thèques polyspores (20-100).

(*Myriosperma* Hepp.)

229. L. PRUINOSA Nyl. *Prod.* p. 146 ; *sarcogyne pruinosa* Krb. *S. L. Q.* p. 267 ; *L. immersa* v. *pruinosa* Schœr.

Commun sur les pierres, les roches, surtout les calcaires.

c Thèques monospores.

230. L. SANGUINARIA. Ach. *Syn.* p. 19 ; Nyl. *l. sc.* p. 246 ; *Magalospora sanguinaria* Krb.

Sur les écorces et les rochers ; forêt du Mesnil ; rare.

Les apothécies de cette espèce ressemblent à celles du *L. enteroleuca* et sont un peu plus grosses.

†† Thalle citrin.

231. L. GEOGRAPHICA (L.).Sch. *En.* p. 105 ; Nyl. *l. sc.* p. 248 ; *Rhizocarpon* Krb.

Sur les rochers de grès ; sablière de la forêt du Mesnil-sur-Oger, côté de Gionges.

Trib. 15. GRAPHYDÉS.

Thalle peu développé, mince, continu, souvent peu visible ou hypophléode. Apothécies lirelliformes, sans formes précises ; thalamium contenant des paraphyses vraies, et des paraphyses non distinctes ; spores cloisonnées, rarement simples.

Apothécies lirelliformes.	Lirelles allongées innées, au moins par leur base, quelquefois pruineuses ; spores grandes, oblongues, diversement septées, se colorant en bleu par l'iode................	*Graphis.*
	Lirelles non innées ; spores petites, oblongues ou fusiformes, septées pluriloculaires.....	*Opegrapha*
Apothécies arrondies ou radiées étoilées.	Apothécies innées ou émergentes, sub-arrondies ou radiées étoilées....	*Arthonia*
	Apothécies arrondies, lécidéines ; spores biloculaires resserrées au milieu........................	*Melaspilea.*

I. GRAPHIS. Ach.

Thalle mince ou très-mince, épiphléode ou hypophléode, extérieur ou caché sous l'épiderme ; apothécies (lirelles) noires, linéaires, simples ou diversement divisées, innées, au moins à la base ; spores incolores ou brunies, oblongues-allongées, à cloisons nombreuses, se colorant en bleu par l'iode (quand elles sont adultes) ; gélatine hyméniale constamment insensible à l'action de ce réactif. Paraphyses grêles, allongées, divisées ; spermaties droites ou presque droites, médiocres de volume.

232. G. scripta (L.). Ach. *Syn.* p. 81 ; Nyl. *l. sc.* p. 251 ; *Opegrapha* Fr. *L. E.* p. 370 ; *Graphis serpentina* Leight.

Sur les troncs.

233. Var. vulgaris. Krb. (*excl. d. abietina*).

Sur les troncs.

234. Var. cerasi. Ach. *Syn.* p. 83 ; *opegrapha cerasi* D C. *Fl. fr.* 2, p. 310 ; *Op. pulverulenta* var. *cerasi* Chevall. *Fl.* p. 538.

Sur les cerisiers.

235. V. pulverulenta. Ach. *Syn.* p. 82.

Sur les troncs, chênes.

236. V. serpentina. Ach. *Syn.* p. 82.

Sur les écorces.

Form. microcarpa. Ach. Chev. Malb. p. 221.

II. CPEGRAPHA. Ach. Nyl.

Thalle mince ou nul ; apothécies (lirelles) noires, super-ficielles (par exception enchâssées à la base), linéaires, lancéolées ou ovales arrondies ou linéaires, allongées ou flexueuses, ou divisées-rameuses, bordées (sans bord thallin); à disque plan ou canaliculé ; huit spores en une thèque, incolores (par exception brunies), ovales fusiformes, à un petit nombre de cloisons (3-5), non colorées par l'iode, qui donne à la gélatine hyméniale une teinte rouge vineuse.

† Espèces corticoles.

A Lirelles courtes ou moyennes.

a Lirelles à disque très-ouvert.

1° Lirelles courtes.

237. Op. varia. (Pers). Nyl. *l. sc.* p. 252.

Sur les écorces, commun.

238. V. notha (type). Ach. *Op. notha.* Ach. *Syn.* p. 76 ; D C. *Fl. fr.* 2, p. 310 ; Hepp. *Fl. Eur.* 165.

Sur les vieux saules, aux Flammiers, Châlons, etc.

Form. minor. Op. thuretii Hepp. *Fl. Eur.* 48 ; *Op. populina* (Pers.).

Sur les saules ; Châlons.

239. Op. pulicaris. (Hoffm.). Hepp. *Fl. Eur.* 892 ; *Op. vulvella* Ach. *Syn.* p. 253 ; D C. *Fl. fr.* 6, p. 169.

Sur le *cerasus Duracina* ; Chapelaine, etc.

240. V. lutescens. Ach. *Syn.* p. 77.

Sur les peupliers; au bord des fossés, lieudit le Vaux-Martin, à Lenharrée. (Lirelles courtes, quelques-unes arrondies, presque lécidéines.)

2° Lirelles élevées et moyennes.

241. V. diaphora. Ach. *Op. diaphora* Ach. *Syn.* p. 77 ; D C. *Fl. fr.* 6, p. 170.

Sur les écorces ; Châlons, etc.

b Lirelles à disque moyennement ouvert.

Thalle gris, ou gris-brunâtre, ou roux.

242. Op. HERPETICA. Ach. *Syn.* p. 72 ; D C. *Fl. fr.* 2, p. 309 ; Nyl. *l. sc.* p. 255 ; *Op. rubella* Pers. *Op. atra var. dispersa* Sch. *L. H.* 633.

Sur les chênes, frênes, platanes, etc.

243. V. FUSCATA. Sch. *En.* p. 156 ; *Op. fuliginosa* (Pers.).

Sur les troncs, peupliers, frênes, pommiers.

B Lirelles moyennes en longueur, très-étroites, à disque presque fermé.

1° Thalle lépreux cendré ou brun-jaunâtre.

244. Op. VULGATA var. SUBSIDERELLA Nyl. *l. sc.* p. 255.

Sur les écorces, pins, peupliers ; Châlons, Lenharrée, etc.

2° Thalle usé, existant seulement autour de l'apothécie, et formant une bordure blanchâtre autour d'elle.

245. Op. ATRORIMALIS ? Nyl. journal *la Flora*, 1864, p. 488.

Sur le *Cerasus Duracina* ; Chapelaine.

C Lirelles assez longues.

1° Thalle ordinairement en tache ovale-allongée.

Lirelles serrées.

246. Op. ATRA. (Pers.). D C. *fr.* 2, p. 310 ; Nyl. *l. sc.* p. 254 ; Hepp. *Fl. Eur.* 341.

Sur les écorces.

247. Op. APALEA. Ach. *Syn.* p. 79 ; *Op. bullata* D C. *Fl. fr.* 2, p. 309 ; *Op. rimosa* D C. *Fl. fr.* 2, p. 312 ; *Op. gregaria* Chevall. *Fl.* p. 524.

Sur les noyers, etc.

2° Thaile en tache ordinairement allongée.

Lirelles en réseau.

248. Op. reticulata. D C. *Fl. fr. suppl.* 839[b] ; *Op. atra*
v. *platanoïdes* Delise.

Sur les écorces, chênes, trembles, etc.

†† Espèces saxicoles.

249. Op. saxicola. Ach. *Syn.* p. 71 ; *Op. rupestris* Pers.
Hepp. *Fl. Eur.* 346.

Sur les rochers calcaires ; Grauves, etc. ; assez rare.

III. ARTHONIA. Ach.

Thalle variable mince ou hypophléode ou nul ; apothécies
innées ou émergentes, généralement planes, simples, parfois
divisées lobées ; thalamium ne renfermant jamais des paraphyses distinctes (thalamium et hypothecium confondus,
sans limites tranchées) ; thèques pyriformes, épaissies supé-
rieurement ; spores incolores (rarement brunies), ovoïdes,
cloisonnées (1-5).

A Apothécies de différentes couleurs, mais point noires.

1° Apothécies rouges ou rouges-brunes, divisées, étoilées
ou oblongues.

250. A. cinnabarina (Wallr.) Nyl. *l. sc.* p. 257 ; *coniocarpon* D C. *Fl. fr.* 2, p. 323.

Sur les écorces ; parc du château de Chapelaine, où j'ai
récolté les formes *rosacea* et *astroidea* Leight. Champigneul
(héronnière).

B Apothécies brunes, arrondies ou un peu difformes,
lobées.

251. A. lurida. Ach. *Syn.* p. 7 ; Nyl. *l. sc.* p. 258.

Sur les écorces, chênes, etc.

c Apothécies noires, étoilées ou simples.

a Apothécies étoilées.

252. A. RADIATA. (Pers.). D C. *Fl. fr.* 2, p. 308 ; *A. astroidea* var. *radiata* Ach. *Syn.* p. 6 ; *A. vulgaris* Krb. *Opegrapha atra* var. *macularis* Fr. *L. E.* p. 367.

Sur les écorces, marronniers, etc.

b Apothécies presque simples, droites ou arrondies.

1° Thalle d'un blanc de lait.

253. A. GALACTITES. (Duf.) Nyl. *l. Par.* p. 85. *Verrucaria* D C. *Fl. fr.* 2, p. 315 ; *Arth. punctiformis* var. *galactina* Ach. *Syn.* p. 4.

Sur l'écorce lisse des peupliers.

2° Thalle d'un blanc cendré.

254. A. DISPERSA. (Schrad. non Duf.). Nyl. *l. sc.* p. 262 ; *Opeg. epispasta* Ach. *Syn.* p. 74.

Sur les écorces lisses.

IV. MELASPILEA. Nyl.

Thalle ordinairement blanchâtre, mince ou nul ; apothécies arrondies (lécidéines) ou difforme (arthonioïdes), noires, planes, bordées dans la jeunesse, puis convexes ; paraphyses distinctes ; spores le plus souvent incolores, à une cloison ; gélatine hyméniale jaunissant seulement par l'iode ; spermaties droites ; stérigmates simples.

255. M. ARTHONIOIDES (Fée). Nyl. *Prod.* p. 170 ; *Lecidea* Fée *En.* p. 170 ; *Patellaria mixta* Nyl. Alg. (non Duby) ; *abrothallus Ricasolii* Mass.

Sur les troncs, saules, peupliers, noyers ; Châlons, Lenharrée, Chapelaine, etc.

III. VERRUCARIOIDÉS.

Les apothécies (périthèces) sont plus ou moins sphériques, et s'ouvrent à leur sommet par un pore, ou très-rarement par des lanières étoilées. Elles renferment dans leur cavité des thèques et des paraphyses convergeant ou vers l'ouverture ou vers le centre idéal de l'apothécie. Les thèques ne sont pas plus ou moins collées les unes aux autres à leur sommet, comme cela a lieu dans les deux premières divisions, la matière épithéciale faisant défaut.

Sér. VI. PYRÉNODÉS.

Thalle pelté ou le plus souvent crustacé, quelquefois nul ou hypophléode. Apothécies pyrénocarpes ou immergées dans le thalle, ou plus ou moins dénudées.

Trib. XVI. PYRÉNOCARPÉS.

Thalle varié de forme; pelté, squamuleux, aréolé, continu, souvent ruiné dans les formes inférieures ou rarement nul, ou quelquefois indiqué par une simple tache sur le substratum. Apothécies consistant en un nucleus jaunâtre ou blanc à l'état sec, renfermé dans le thalle ou émergé et entouré d'un périthèce (hypothécium), ou de même couleur, ou noirâtre; paraphyses indistincts dans le genre *endocarpon* et la première section du genre *verrucaria*.

1° Thalle pelté, squamiforme, attaché par un coussin central à accroissement horizontal......... *Endocarpon*.

2° Thalle crustacé, quelquefois aréolé, rarement squamiforme (*verrucaria crenulata*) .... *Verrucaria*.

I. ENDOCARPON. (Hedw. Em.). Nyl.

Thalle pelté ou squamiforme. Apothécies à périthèce pâle (rarement noirâtre) ; paraphyses nulles et remplacées par une abondante gélatine hyméniale que la solution d'iode colore en rouge vineux ; spores simples, petites, incolores, oblongues, ellipsoïdes, au nombre de huit dans chaque thèque. Spermogonies pourvues de stérigmates.

Il est facile de confondre l'apothécie avec la spermogonie pendant le premier développement de ce premier organe. L'un et l'autre sont accusés sur le thalle par un petit point noir. Au second degré de développement, l'apothécie forme une bosselure cartilagineuse sur le thalle, grandit, et la loupe permet de *distinguer l'ostiole propre*. L'ostiole est formée par la marge souvent peu saillante qui entoure l'épithécium.

256. E. miniatum. Ach. *Syn.* p. 101 ; D C. *Fl.fr.* 2, p. 414.

Sur les rochers de grès ; environs de Port-à-Binson à Dormans.

Cette espèce doit être rare dans notre département ; elle est, ainsi que la var. *complicatum* Ach., très-commune dans les environs de Château-Thierry (Aisne).

II. VERRUCARIA. Pers. Nyl.

Thalle squamuleux, aréolé, continu ou pulvérulent, ou hypophléode, quelquefois nul. Apothécies, plus ou moins superficielles, ou bien enfoncées dans la substance du thalle, mais de forme constamment globuleuse ou conique hémisphérique) à périthèce noir (du moins en dessus ou à l'*ostiole*, appelée *pore* [1]), rarement de couleur entièrement pâle, plus rarement encore de couleur tirant sur le roux, dans

[1] L'ostiole est la portion émergée de l'apothécie ou l'épithécium dans les espèces immergées.

la partie terminale. Spores variables ; spermogonies abondantes sur le thalle, et ne se distinguant guère des apothécies que par leur moindre volume. Stérigmates simples.

1re *Section.*

Paraphyses indistinctes ; gélatine hyméniale colorée d'habitude en rouge vineux par l'iode. Thèques enflées, fugaces.

(*Verrucaria* Krb. Wigg.).

Thalle saxicole ou terricole.

A Thalle squamuleux, huit spores en une thèque, incolores, simples.

257. V. crenulata. Nyl. *Prod. Gall. Alger.* p. 178 ; Roumeg. *Crypt. ill.* p. 58.

Sur la terre des pâtis ; Halle-aux-Vaches, endroit le plus près d'Avize.

B Thalle aréolé.

a Thalle à aréoles subsquameuses, séparées ou contigües.

1° Thalle pâle, olive ou brunâtre.

258. V. macrostoma. (Duf.). D C. *Fl. fr.* 2. p. 319 ; *Verrucaria nigrescens* var. *macrostoma* Nyl. *Prod.* p. 318.

Sur les murs de la ferme de Chapelaine et de l'église de Lenharrée, etc.

2° Thalle cendré glauque.

259. V. glaucina Ach. *Syn.* p. 94 ; *Verr. fuscella* var. *glaucina* Krb. *Par.* p. 370.

Sur les murs ; environs de Port-à-Binson.

3° Thalle noir ou brun-noirâtre.

261. V. NIGRESCENS. (Pers.). D C. *Fl. fr.* 2, p. 319 ; *Pyrenula* Ach. *Syn.* p. 126 ; *Verr. fuscoatra* Krb.

Sur les murs de l'église de Lenharrée, etc.

4° Thalle brun pâle ou brun cendré, verdâtre, étant humide.

262. V. NIGRESCENS var. VIRIDULA. Ach. Sch. *En.* p. 215 ; *Pyrenula tessellata* Ach. *Syn.* p. 126 ; *Sagedia* Fr. *L. E.* p. 414.

Sur les murs de l'église de Lenharrée, etc.

b Thalle épais, tartareux, brisé, aréolé, à aréoles subsquameuses.

c Thalle fendillé, aréolé ou nul.

263. V. RUDERUM. D C. *Fl. fr.* 2, p. 318 ; *V. rupestris* var. *ruderum* Malb. *L. Norm.* p. 254.

Sur les mortiers des murs.

C Thalle non aréolé.

* Thalle végétant sous l'eau.

264. V. RIVULICOLA, nommé par le docteur Nyl. (Lettre du 15 août 1874.) Il le décrit ainsi sur le journal *la Flora de Ratisbonne*, N° 25, page 13, 1875 :

« Thallus albidus subpulverulentus indeterminatus ; apothecia fusconigra hemisphærico-prominula (latit. 0,25 millim.), perithecio fusco-rufescente dimidiato ; sporæ 8 næ oblongæ, tenuiter 1 septatæ, longit. 0,023-28 millim., crassit. 0,007 — 0,010 millim. paraphyses nullæ. Jodo gelatina hymenialis non tinct. (protoplasma thecarum vinose fulvescens).

» Supra lapides cretaceos (sæpius submersos) rivuli

prope Lenharrée in regione Catalaunensi (**Marne**) legit Brisson.

» Species notis datis optime distincta, nulli affinis. Proxima forte *Verrucaria saxicolæ* (Mass.). »

Jai trouvé cette nouvelle espèce sur les pierres calcaires tendres (craie), sous l'eau, dans le ruisseau de la Somme-Soude ; Lenharrée, lieudit le Petit-Bois, entre le pré de la veuve Hatat et le champ Louis Droit.

** Thalle ne végétant point sous l'eau.

1° Thalle blanchâtre ou cendré, très-mince ou nul.

265. V. RUPESTRIS. (Schrad.). D C. *Fl. fr.* 2, p. 317 ; Nyl. *l. sc.* p. 275 ; *Verr. schraderi* Ach. *Syn.* p. 93.

Sur les roches calcaires ; environs de Grauves, etc.

266. VAR. CALCISEDA. *Verr. calciseda* D C. *Fl. fr.* 2, p. 317 ; Hepp. *Fl. Eur.* N° 428.

Sur les rochers ; environs du Mesnil-sur-Oger.

2° Thalle d'un blanc sale ou gris-brunâtre. Apothécies presque libres dans les fossettes, comme le *Lecidea prevostii.*

267. V. INTEGRA. Nyl. *Prod.* p. 183 ; *l. sc.* p. 276 ; *Verr. veronensis* (Mass.)

Sur les murs de clôture de la ferme du château de Chapelaine.

3° Thalle étalé tartareux, farineux, blanchâtre ou nul.

268. V. MURALIS. Ach. *Syn.* p. 94 ; Nyl. *l. sc.* 275.

Sur les murs en craie.

2ᵉ Section.

Paraphyses distinctes, capillaires ; gélatine hyméniale, à

8

part la *Lichenine*, non colorée par l'iode. Thèques cylindra-cées.

(*Pyrenula* Mass. Krb.)

† Thalle saxicole.

269. V. CONOIDEA. Fr. *L. E.* p. 432; Nyl. *l. sc.* p. 280; *Sagedia* Hepp. *Fl. E.* n° 697.

Sur les roches calcaires ; environs de Grauves.

†† Thalle corticole.

a Spores à 3-5 cloisons, brunâtres ou incolores (*V. cerasi*).

1° Thalle pâle, olivâtre ou cendré brunâtre.

270. V. NITIDA. (Schrad.). Ach. *L. U.* p. 277; *Pyrenula* Ach. *Syn.* p. 125 ; *V. maxima* D C. *Fl. fr.* 2, p. 316.

271. VAR. NITIDELLA. Flk. Krb.

Apothécies petites, nombreuses, peu saillantes.

L'espèce et la var. sur les écorces, surtout sur le hêtre et le charme.

272. V. CERASI. Schrader. Kr. sam. n. 174. *Verrucaria epidermis* var. *cerasi* Nyl. *l. sc.* p. 281.

Sur les cerisiers.

2° Thalle variant du blanc cendré au brun-noirâtre.

b Spores à une cloison.

273. V. PUNCTIFORMIS. Fr. *L. E.* p. 447 ; Hepp. *Fl. E.* N° 453.

Sur les écorces.

3° Thalle mince cendré, étalé. Apothécies grandes.

274. V. GEMMATA. Ach. *Syn.* p. 90 ; Nyl. *l. sc.* p. 280 ; D C. *Fl. fr.* 2, p. 315 ; *Pyrenula* Hepp. *Fl. Eur.* N° 451 ; *Verr. alba* Sch. *En.* p. 219.

4° Thalle blanchâtre ou cendré olivâtre. Apothécies moyennes ou petites.

275. V. EPIDERMIS. Ach. *Syn.* p. 89.

Sur les écorces lisses.

5° Thalle brun olive.

276. V. EPID. var. ANALEPTA Garov. *l. c. Verr. analepta* Ach. *Syn.* p. 88.

Sur les écorces.

6° Thalle grisâtre très-mince.

277. V. EPID. var. FALLAX. Nyl. *in Not. bot.* Hepp. 450.

Sur l'*abies excelsa* (épicéa) ; parc du château de Chapelaine.

ERRATA.

Page 85. — N° 140. L. GLOCOMO, *lire* L. GLAUCOMA.

Page 95. — N° 167. Au lieu de M. de Casanove, *lire :* M. de Cazanove.

Page 99. — N° 184. V. TRIPTICANS, *lire :* V. TRIPLICANS.

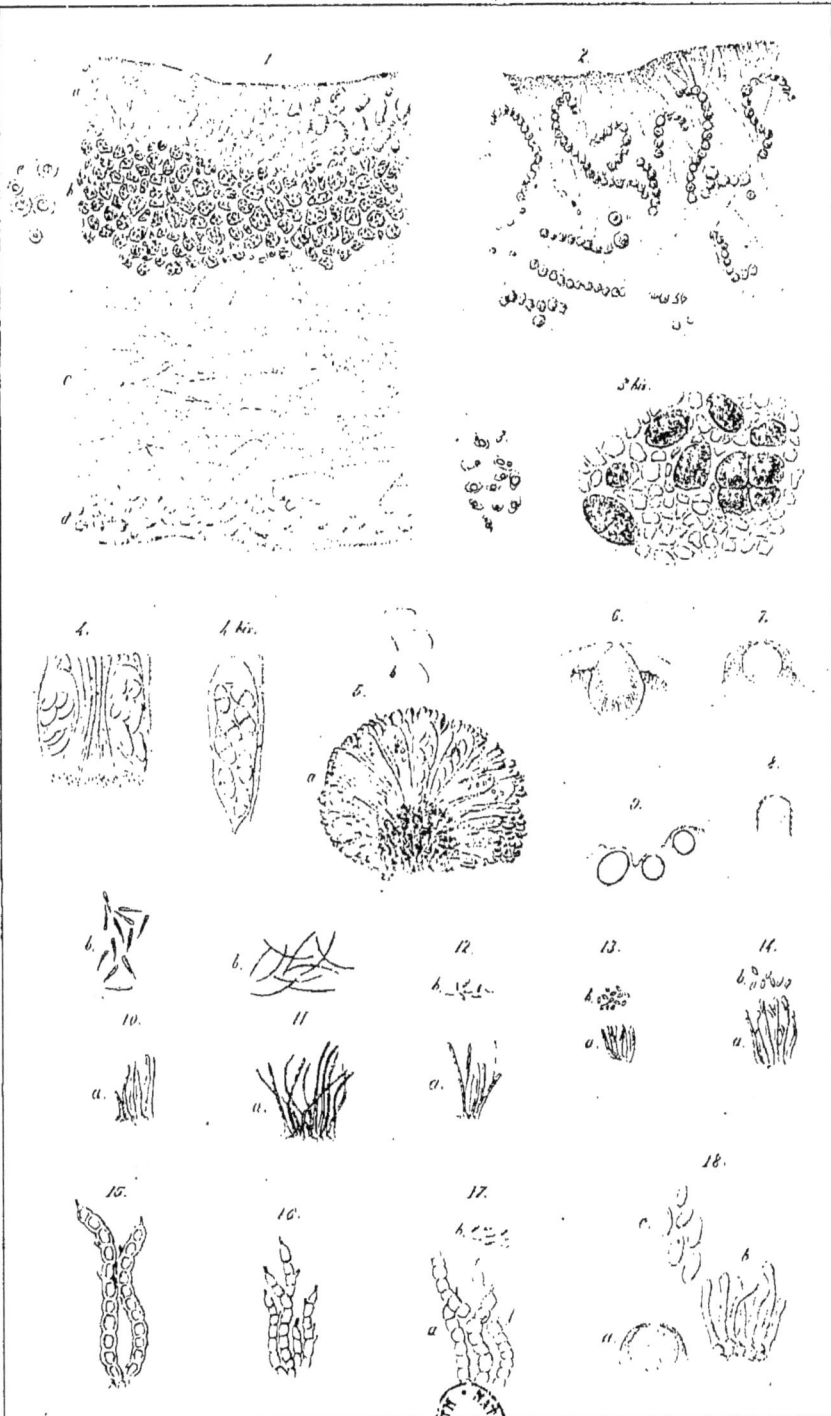

EXPLICATION DES FIGURES DE LA PLANCHE 4.

FIGURE 1. — Coupe d'un thalle stratifié (*Ricasolia herbacea*), *a*. Couche corticale ; *b*. Couche gonidiale ; *c*. Couche médullaire , *d*. Couche hypothalline ; *e*. Gonidies : grossissement de 275 diamètres.

FIGURE. 2. — Coupe verticale d'un thalle non stratifié (*collema conglomeratum*). Cette coupe est partagée en deux, horizontalement ; grossie près de 200 fois ; l'autre moitié est semblable à cette figure.

FIGURE 3. — Gonidies du *Bœomyces icmadophilus*, à peu près semblables à celles du *Bœomyces roseus* : grossissement de 275 diamètres.

FIGURE 3 *bis*. — *Ephebe pubescens* ; portion mince de la superficie du thalle, grossie 275 fois.

FIGURE 4. — *Cladonia cœspititia* Flk. Portion de l'hymenium (ensemble des paraphyses et des thèques) contenant des spores : grossissement de 275 diamètres.

FIGURE 4 *bis*. — *Ramalina gracilis* (Physcia gracilis Pers.). Paraphyses et thèques contenant des spores : grossissement de 275 diamètres.

FIGURE 5. — *Lecidea inquinans*. Coupe d'une apothécie montran plusieurs thèques de divers âges ; *b*. spores.

Spermogonies.

FIGURE 6. — *Squamaria crassa*. Coupe d'une spermogonie.

FIGURE 7. — *Nephroma arcticum*. Coupe d'une spermogonie grossie 25 fois.

FIGURE 8. — *Cladonia squamosa* Hoffm. Section verticale d'une spermogonie.

FIGURE 9. — *Bœomyces ramanilellus* (espèce du Chili). Coupe verticale d'un fragment de thalle qui porte trois spermogonies grossies 26 fois.

Stérigmates simples.

FIGURES 10 *a*, 11 *a*, 12 *a*, 13 *a*, 14 *a*.

Stérigmates articulés (arthrostérigmates).

FIGURES 15, 16, 17 *a*.

Spermaties.

FIGURE 10 *b*. — Spermaties aciculaires un peu épaissies en fuseau à l'une de leurs extrémités. C'est l'extrémité ainsi légèrement renflée qui se trouve dirigée en bas lorsque la spermatie est fixée sur son stérigmate. Ex. *Usnés*.

FIGURES 11 *b*. — Spermaties aciculaires ou cylindriques courbes (*squamaria crassa*). Elles sont souvent très-longues, et sont même celles qui atteignent la longueur la plus considérable (0,040 millimètres). On les rencontre dans divers *Lécanorinés* et *Lecidéinés*, *Graphidés*, *Pyrénocarpés*, etc.

FIGURE 12. — Spermaties ellipsoïdes ou oblongues. Elles sont portées sur des stérigmates simples et généralement assez courts. Ex : *Calicium, Lecanora cervina, Lecidea grossa, Lightfootii*, etc.

FIGURE 13. — (*Omphalaria phylliscoides* Nyl.). Spermaties grossies 275 fois.

FIGURE 14. — (*Gonionema velutinum*). Spermaties grossies 275 fois.

Les spermaties portées par des arthrostérigmates sont ordinairement petites, cylindriques, constamment droites. FIGURES 15, 16 et 17 *b*. Grossissement de 275 diamètres.

Pycnides.

FIGURE 18 — *Peltigera rufescens :* a. Coupe d'une pycnide vue sous un grossissement de 26 diamètres ; *b*. Basides portant des jeunes stylospores. Ces dernières sont longues de 0,007 — 0,0012 millim., épaisses de 0.004 — 0,005 millim.

APPENDICE

RAPPORT lu à la Société d'Agriculture, Commerce, Sciences et Arts du département de la Marne, dans sa séance du 17 juillet 1874, sur les LICHENS DU DÉPARTEMENT DE LA MARNE, de M. T.-P. Brisson, de Lenharrée (1).

MESSIEURS,

Le travail dont M. Brisson vous a fait hommage sous le titre Lichens du département de la Marne, n'est point une simple nomenclature de Lichens recueillis et analysés par lui ; c'est un ouvrage complet sur cette difficile famille qui n'a été, que je sache, étudiée avant lui par aucun botaniste. du département.

Chacun des membres de votre commission l'a lu avec la plus grande attention, et, après nous être réunis pour nous communiquer nos impressions, mes collègues m'ont chargé de vous en rendre compte.

Il y a environ dix ans que M. Brisson s'occupe de botanique ; en quelques années, il arriva à se faire un magnifique herbier de 2,500 plantes phanérogames. En 1867, il eut la pensée de se livrer à l'étude de la cryptogamie, et entreprit la famille la plus difficile de cette partie de la botanique. Après un an d'études préliminaires, de recherches, de travail et d'analyses, d'après la méthode de de Candolle,

(1) Commission : MM. Juglar, Lebreton et Royer, rapporteur.

fondée sur les seuls caractères extérieurs de la plante, il
sentit le besoin de consulter, pour s'assurer de ce que
pouvaient valoir ses dénominations ; il adressa une soixan-
taine d'espèces à M. Malbranche, président de la Société
d'histoire naturelle de Rouen, et auteur d'une énumération
estimée des *Lichens de Normandie*. L'accueil qu'il en reçut
l'encourageant à continuer, il se livra avec une nouvelle
ardeur à l'étude, étendant de jour en jour le champ de ses
explorations et le nombre de ses découvertes. Le De Candolle
de 1805, toujours si utile aux commençants par la clarté de
ses descriptions, ne put plus lui servir de guide dans la
détermination d'un grand nombre d'espèces alors inconnues,
et que le microscope a mis à même de décrire depuis avec
des détails qui ont fait de la lichénographie une science
nouvelle. Sur l'indication d'un ami, M. Brisson s'adressa à
M. le docteur Müller, de Genève, conservateur de l'herbier
de De Candolle et auteur de nombreux et importants
ouvrages de botanique. Il lui envoya, en 1872, des échantillons de ses nouvelles découvertes, lui soumit ses doutes,
lui demanda des conseils. M. Müller, en le félicitant « d'avoir
pu venir à bout de cette difficile famille, sans collections de
types et sans professeur, » lui donna, avec une bonté qu'on
trouve généralement chez les naturalistes, toutes les indications nécessaires pour marcher avec assurance et succès
dans la voie où il était péniblement entré. Par M. Müller,
M. Brisson est arrivé à la connaissance des ouvrages, et,
depuis, de la personne de M. Nylander, qui est aujourd'hui
à la tête de la Lichénographie. Il lui envoya, au commencement de cette année, quelques échantillons ; puis il lui porta
toute sa collection, que M. Nylander eut la bonté de vérifier.

Cette collection, dont M. Brisson vous offre l'énumération et la classification méthodique, avec des indications
d'habitat, de couleurs, de formes et de signes particuliers
propres à les faire reconnaître, se compose de 277 espèces.
Il en prépare, pour vous les offrir, des exsiccata qui figu-

reront, sous peu, à côté de votre herbier de plantes phanérogames de la Marne.

Nous avons pensé, Messieurs, que ces détails étaient,
plus que notre appréciation personnelle, de nature à établir
la confiance que mérite le remarquable travail de M. Brisson
et l'importance du don qu'il vous annonce de la première
collection de lichens qui aura été faite dans notre département. Ajoutons que, depuis un mois seulement, M. Brisson
a envoyé à M. Nylander trois espèces nouvelles pour la
Lichenographie européenne, décrites par M. Nylander sous
les noms de *Physcia tribacella, Collemopsis cæsia* et *Verrucaria rivulicola.*

M. Brisson, qui a rédigé ce travail en vue de la propa-
gation de son étude de prédilection, a fait précéder son
énumération de généralités puisées aux meilleures sources,
où nous avons remarqué surtout une nomenclature complète
et parfaitement expliquée de tous les organes de ce curieux
végétal.

A l'unanimité, votre commission a décidé de présenter
M. Brisson comme membre correspondant de la Société, et
de vous proposer de renvoyer son travail à la commission
des impressions.

De Rapporteur,

ROYER.

TABLE DES MATIÈRES

	Pages.			Pages.
Analyse des Lichens	23	Méthode d'analyse p[r] arriver		
Anatomie de l'apothécie. .	17	aux genres, de D C.	28	
Classification des Lichens		Organes de la végétation. .	16	
de la Marne	42	— de la reproduction	13	
Définition des Lichens. . . .	11	Système de Nylander	34	
Aperçu des princip. genres		Système de Hepp, pl. 1, 2		
(Nylander et Hepp.)	39	et 3	38 *b*	
Indication de la répartition		Termes employés p[r] distin-		
des genres de D C. dans		guer les spores	38	
ceux de la Marne	32	Usage des Lichens	22	
Introduction	5			

Familles.

Collémacés.	44	*Lichénacés.*	47

Grandes Divisions.

Capités.	47	Verrucarioidés	113
Discocarpés.	53		

Séries.

Cladoniodés	49	Placodés	70
Epiconiodés	48	Pyrénodés	113
Phyllodés.	59	Ramalodés	53

Tribus.

Alectoriés.	55	Cétrariés.	57
Bæomicés.	49	Cladoniés	50
Caliciés.	48	Collémés.	45

	Pages.			Pages.
Everniés	56		Physciés	65
Graphidés	107		Pyrénocarpés	113
Lécanorés	71		Ramalinés	56
Lécidés	91		Stictés	62
Parméliés	63		Usnés	54
Peltigérés	60			

Genres.

Acrospora Mass.	88	*Myriosperma* Hepp	106
Alectoria Ach.	56	*Myriospora* Hepp	88
Arthonia Ach.	111	*Ochrolechia* Mass Krb	84
Aspicilia Mass.	83	Opegrapha Ach.	108
Bacidia de Not	99	Parmelia Ach.	63
Bæomyces	50	Peltigera Hoffm.	60
Biatora Fr.	97	Pannaria Nyl.	71
Biatorinæ Mass.	86	*Patellaria* D C.	82 84 etc.
Borrera Ach.	66	Pertusaria D C.	89
Bullia de Not	105	Phlyctis Wallr.	90
Calicium Ach.	48	*Phialopsis* Krb.	82
Cenomyce Ach.	51 à 53	Physcia Hepp.	67
Cetraria Ach.	58	*Placodium* D C.	77
Cladonia Hoffm.	51	*Psora* Hepp.	87
Collemopsis Nyl.	45	*Pyrenula* Mass	118
Collema Ach.	45	Ramalina Ach.	57
Coniocybe Ach.	49	*Rinodina* Mass.	87
Coniocarpon D C.	111	*Rhizocarpon* Krb.	107
Cornicularia Ach.	58	*Sarcogine* Krb.	106
Diplotomma Krb.	105	*Squamaria* D C.	76
Endocarpon Hedv.	114	Sticta Ach.	62
Evernia Ach.	56	*Stictina* Nyl.	62
Graphis Ach.	108	*Thelotrema* Pers.	89 91 96
Gyalecta Ach.	89 96 97	*Toninia* Mass.	99 101
Hymenelia Mass.	96	*Tornabenia* Mass.	66
Imbricaria Hepp.	63	Urceolaria Ach.	88
Lecanora Ach.	72	Usnea Hoffm.	55
Lecidea Ach.	91	*Variolaria* Ach.	90
Leptogium Fr.	46	Verrucaria Pers.	114
Lobaria D C.	62	Xanthoria Fr.	66
Melaspilea Nyl.	112	*Zeora* Krb.	70 86

A

	Nos	Pages.		Nos	Pages.
Abietina Ach.	227	106	*Alba* Sch. (lecid.)	177	98
Acetabulum Dub.	59	64	Albariella Nyl.	147	86
Actinostoma Pers.	159	89	Albella Pers.	134	84
Aculeata Fr.	45	58	*Albescens* Krb.	87	76
Adglutinata Nyl.	82	69	Alboatra Hoffm.	218	105
Affinis Mass.	167	96	Amara Ach.	162	90
Agelæa Wallr.	165	91	Ambigua Sch.	73	68
Alba Sch. (ver.)	274	118	Analepta Garov.	276	119
			Angulosa Ach.	135	85

	Nos	Pages
Anomala Fr.........	181	99
Apalea Ach.........	247	110
Areolata Clem.......	161	90
Aromatica Ach.	195	101
Arthonioides Fée....	255	112
Articulata Ach......	37	55
Aspera Krb.........	57	64
Astroidea Fr........	77	69
Athroocarpa Dub....	148	86
Atra Ach. (Lecan.)...	130	84
Atra Pers (Opeg.)....	246	110
Atrocœruleum Sch...	7	47
Atrocinerea Diks....	150	86
Atrogrisea Krb.	189	100
Atrorimalis Nyl.	245	110
Atrosanguinea Hoffm.	174	98
Aurantiaca Leightf...	105	80
Aurantiaca D C.....	112	82
Aurantiacus Leightf.	112	82

B

Bacilifera Nyl......	192	100
Bacillaris Ach.......	33	53
Barbata Fr..........	34	55
Bischoffii Hepp......	153	87
Borreri Turn.	61	65
Bryophila Ach.......	157	89
Bullata D C........	247	110

C

Calcarea Ach. (lecan.)	123	83
Calcarea Weis. (lecid.)	221	105
Calciseda D C.......	266	117
Calcivora Ehrh......	210	103
Calicaris Fr.	41	57
Callopisma Ach.	91	77
Calva Diks..........	114	82
Campestris Fr. (lecid.)	195	101
Campestris Sch. (lecan.)	133	84
Candelaria Ach......	98	79
Candelarium D C....	98	79
Candidans Diks.	97	78
Canina Hoffm.	48	61
Caperata L..........	121	83
Cœsia Nyl.	1	45
Cœruleo-nigricans...	194	101
Cœsio alba Krb......	139	85
Cerasi Ach. (graph.)..	234	108
Cerasi Schrad (verr.).	272	118
Cerathophylla Sch...	65	65
Cerina Ach.........	109	81
Cervina Pers.	155	88
Chalybeia Hepp.. ...	228	106
Chloantha Ach......	78	69
Chondrodes Mass....	211	103

	Nos	Pages
Chrysopthalma Ach..	67	66
Ciliata Sch.	80	69
Ciliaris D C.........	76	68
Cinerea L...........	121	83
Cinereofusca Ach....	116	82
Cinnabarina Wallr...	250	111
Circinata Pers.......	94	78
Circinatum D C.	94	78
Citrina Ach.........	100	80
Citrina Sch.........	103	80
Citrinum Nyl.	100	80
Citrinellum Fr... ..	104	80
Clausum Sch........	168	96
Clavellum D C	9	48
Clementiana Ach....	77	69
Coarctata Nyl.......	173	98
Coccifera Ach.	32	53
Coccinea Krb.	119	83
Communis D C......	160	90
Concentrica Nyl.....	215	104
Confluens.........	209	103
Conizœa Ach.... ...	142	85
Conglomeratum Hoffm	6	46
Conoidea Fr.	269	118
Conspersa Ach.	55	64
Contigua Fr.	206	103
Contorta Flk........	127	84
Cornuta Dub.......	21	52
Cornuta Ach........	22	52
Cornucopioides L....	32	53
Corymbosa Ach.	28	53
Corticola Ach. (lecid.).	218	105
Corticola Br. (lecan.).	126	83
Corticola (lecan.). ...	128	84
Cotaria Ach.	173	98
Crassa Ach.	85	76
Crenulata Diks. (lecan.)	139	85
Crenulata Nyl. (verr.)	257	115
Cretacea Sch........	158	89
Crispa Ach. (cetr.)...	46	59
Crustulata Flk.	208	103
Cupularis Ach.......	170	97
Cyrtella Ach........	170	98

D

Decipiens Ach.......	193	100
Deformis Br.	187	100
Dendritica Sch.	58	64
Denigrata Sch.......	177	98
Denudata Sch.	176	98
Diaphora Ach.......	241	109
Difformis Nyl.	192	100
Disciformis Fr.	222	105
Discolor Sch........	153	87

	Nos	Pages.
Dispersa Sch. (op.)..	242	110
Dispersa D C (lecan.).	137	85
Dispersa Scrad. (arth.)	254	112
Dubia Sch.........	61	65

E

Elæochroma Ach. ...	200	102
Elegans Ach........	90	77
Endivæfolia Fr.	14	51
Endoleuca Nyl......	189	100
Enteroleuca Nyl.....	199	102
Epipasta Ach.	254	112
Epipolia Ach........	220	105
Epidermis Ach.	275	119
Ericetorum D C......	13	50
Erysibe Ach........	146	86
Erythrocarpia Fr. ...	96	78
Erytrella Ach........	106	81
Euphorea Flk.......	198	102
Exanthematica Sm. .	168	96
Exasperata Ach.	57	64
Excentrica Nyl......	216	104
Exigua Nyl.	152	87
Extensa Sch.	32	53

F

Faginea D C........	162	90
Fallax Nyl.	277	119
Farinacea Ach.	44	57
Farinosa Flk........	124	83
Fastigiata Ach.......	43	57
Ferruginea Huds....	116	83
Festiva Nyl.........	117	82
Fibrosa Nyl.........	99	79
Fimbriata Hoffm. ...	19	52
Flavens Nyl........	201	102
Flavovirescens D C..	105	80
id. Sch..	106	81
Florida Fr..........	35	55
Fraxinea Ach.......	42	57
Fulgens Ach........	93	78
Fuliginea Ach.	175	98
Fuliginosa Pers.....	243	110
Furcata Hoffm.......	26	52
Furfuracea Ach.	11	49
Fuscata Sch.	243	110
Fuscella Fr.........	188	100
Fuscorubella Ach...	188	100
Fuscoatra Krb......	261	116

G

Galactina Ach. (lecan.)	87	76
Galactina Ach. (arth.)	253	112
Galactites Duf.......	253	112
Gemmata Ach... ...	274	118

	Nos	Pages.
Geographica L.	231	107
Gibbosa Ach........	120	83
Glaucina Ach........	259	115
Glaucoma Hoffm....	140	85
Globulifera Turn. ...	163	90
Glomerulosa D C. ...	197	102
Goniophila Flk......	213	104
Granulosa......... .		102
Gregaria Chev......	247	110
Grisea Sch..........	70	67
Grossa Pers.	226	106
Gypsacea Ach.......	158	89

H

Hageni Ach.........	137	85
Hæmatites Chaub....	110	81
Hæmatomma Ach ...	119	83
Herpetica Ach......	242	110
Hispida Fr.	75	68
Hirta Fr	36	55
Hoffmanii Ach.	127	84
Holocarpa Ehrh.	108	81
Horizontalis Hoffm. .	51	61

I

Integra Nyl.........	267	117
Intermedia Hepp. ...	187	100
Intumescens Reb....	132	84
Irrubata Ach........	115	82
Islandica Ach.	46	59

J

Jacobæfolium D C....	3	46
Jubata Ach.........	39	56

L

Labrosa Ach.	66	65
Lacerum Fr........-.	7	47
Lallavei Clem.......	118	82
Lamprocheila D C...	117	82
Lavata Nyl..........	214	104
Lenticularis Ach.....	228	106
Lentigera Ach.......	88	76
Leprosa Mass.	154	88
Leptoderma Dub. ...	203	102
Leptalea D C........	75	68
Leptocline Flk.	223	105
Leucocephala Fr. ...	227	106
Leucopla Fr.	226	106
Leucoplaca D C.	219	105
Leucoplacoides Nyl..	202	102
Lightfootii Sm..'.... .	180	98
Lignaria Ach.	198	102
Lurida Ach. (Arth.)..	251	111
Lurida Ach. (lecid.)..	172	97

	Nos	Pages.
Luteola Ach.	186	99
Lutescens Ach. (opeg.)	240	109
Lutescens D C (lecid.)	143	85
Lutosa Ach.	83	72

M

Macularis Fr.......	252	112
Maxima D C.......	270	118
Mœlenum Nyl......	3	46
Melanocarpa Nyl. ...	166	96
Meiospora Nyl.	208	103
Metzleri Krb.	212	104
Microspora Neg.	225	105
Microcarpa Ach......	236	108
Miniata Ach........	92	77
Miniatum Ach.	256	114
Milliaria Fr.	183	99
Mixta Nyl.	255	112
Montagnei Flot.	217	104
Monticola Ach.......	204	102
Mougeotii Sch.......	227	106
Multifidum Krb.....	3	46
Muralis Ach. (verr.) .	268	117
Muralis Sch. (lecan.).	86	76
Murorum Ach.......	89	77
Muscorum Sw.......	190	100
Mycrophyllum Ach. .	4	46
Myriocarpa D C.	224	105

N

Nægelii Hepp.	185	99
Nigra Huds........	84	72
Nigrescens Pers. (verr.)	261	116
Nigrescens Ach. (coll.)	5	46
Nigrum D C.........	84	72
Nigritula Nyl.	225	105
Nitida Schrad.......	270	118
Nitidella Flk........	271	118
Notha Ach..........	238	109

O

Obliterata Ach......	92	77
Obliteratus Pers. ...	92	77
Obscura Fr.	78	69
Ochracea Nyl.	107	81
Ochroleucum D C....	86	76
Olivacea Ach. (parm.)	56	64
Olivacea Krb. (verr.).	200	102
Oolithina Nyl.	212	104
Opegraphoides D C (lec.)	125	83

P

Pallescens Fr.	129	84
Parasema Ach.......	196	102
Parella L.......... ..	129	84

	Nos	Pages.
Parietina tb. Fr......	68	67
Perlata Ach.	62	65
Petræa.............	215	104
Pertusa Ach.	160	90
Pharcidia Ach.	219	105
Phlogina Ach.	104	80
Physodes Ach......	65	65
Pilularis Fr.	203	102
Pineti Ach..........	171	97
Pixidata Fr.........	15	51
Platanoides Delise...	248	111
Platycarpa Nyl......	207	103
Plicata Fr.	38	55
Pocillum Ach.	17	51
Populina Pers.	238	109
Populorum Mass. ...	219	105
Polydactyla Hoffm. ..	50	61
Premnea Fr.	226	106
Premnea Leight. ...	189	100
Pruinosa Nyl.	229	106
Prolixa Ach.	58	64
Prunastri Ach.......	40	56
Pytyrea Ach.	70	67
Pulicaris Hoffm.	239	109
Pulmonacea Ach.....	53	62
Pulposum Ach.	2	46
Pulverulenta Fr. (parm.)	69	67
Pulverulenta Ach. (gr.)	235	108
Pulvinatum Nyl.....	8	47
Punctiformis Fr.....	273	118
Punctiformis Sch. ...	224	105
Pungens Ach........	31	53
Pusilla Krb.........	49	61
Pusillum Flk........	10	48
Pyracea Ach........	112	82
Pyrina Moug.	180	99

Q

Quercifolia Sch.	63	65
Quercina D C.	63	65

R

Racemosa Flk.	29	53
Radiata Ach. (clad.)..	21	52
Radiata Pers. (arth.).	252	112
Radiatum Pers.....	159	89
Radiosa Sch.	94	78
Rangiferina Hoffm. ..	23	52
Reflexa Nyl.........	101	80
Resinæ Fr..........	191	100
Reticulata D C.	248	111
Retiruga D C.......	60	64
Revoluta Flk........	64	65
Ricasolii Mass.......	255	112
Rimosa D C........	247	110

	Nos	Pages.
Rivulicola Nyl.......	264	116
Rivulosa Ach.......	205	103
Roseus Pers.........	13	50
Rubella D C.........	186	99
Ruderum D C (verr.)..	263	116
Rufescens Sch. (lecan.)	115	82
Rufescens Hoffm. (Pelt.)	47	61
Rufus D C...........	12	50
Rupestris Scop. (lec.).	113	82
Rupestris Krb: (lec.)..	114	82
Rupestris Pers. (bœo.)	12	50
Rupestris Pers. (opeg.)	249	111

S

Sabuletorum Flk....	182	99
Salicina Ach........	105	80
Salicinum Moug. ...	9	48
Sanguinaria Ach. ...	230	107
Saxatilis Ach.	60	64
Saxicola Ach. (lecan.).	86	76
Saxicola Ach. (op.). ..	249	111
Saxicolum Krb......	86	76
Schraderi Ach. (verr.)	265	117
Schereri de Not.....	225	105
Scripta L..........	252	108
Scruposa Ach.	156	89
Scrupulosa Ach.....	136	85
Serpentina Ach.. ...	236	108
Sommerfeltiana Hepp.	139	85
Spadicea Delise.	30	53
Sphæroides Sch.	178	98
Sophodes Ach.......	151	87
Spinulosa Delise.....	30	53
Spuria D C.........	49	61
Squamosa Hoffm. ...	25	52
Stellaris Fr.	72	68
Stigmatea Nyl.	153	87
Striata Dub........	159	89
Subcarnea Ach......	140	85
Subdepressa Nyl. ...	122	83
Subfusca Ach........	131	84
Subsiderella Nyl.....	244	110
Subtile Fr.........	10	48
Subulata Fr.........	27	53
Subulata D C..	26	53
Sulphurea Ach.	145	86
Sulphureum D C....	11	49
Sylvatica Ach. (St.)..	52	62
Sylvatica Ach. (clad).	24	52

	Nos	Pages.
Symmicta Ach.	144	86
Syringea Ach	149	86

T

Teicholyta Ach......	96	78
Tenella D C........	74	68
Tephromelas D C....	130	84
Terrestris Nyl......	203	102
Tessellata Ach......	262	116
Tessulata D C.	121	83
Thuretii Hepp.......	238	109
Tiliacea Ach.	63	65
Tornabenia Mass....	67	66
Trachelinum Ach....	9	48
Tribacella Nyl.	81	69
Triplicans Nyl......	184	99
Truncigena Ach.....	169	97
Tubæformis Ach.....	20	52
Tubulosa Sch.......	66	65
Turgidula Fr........	176	99

U

Uliginosa Ach.......	175	98
Ulmicola D C.	111	81
Ulotrix Ach.	80	69
Umbrina Ehrh.......	138	85

V

Varia Ach..........	141	85
Varia Pers.........	237	109
Variabile D C......	95	78
Variabile Nyl......	95	78
Variabilis Ach	95	78
Variolosa Sch.	165	91
Variolarioides Ach. .	165	91
Venusta Nyl........	71	68
Venustum Krb......	221	105
Vernalis Ach.	178	98
Veronensis Mass.....	267	117
Versicolor D C.	96	78
Vesicularis Ach.	194	101
Virella Ach........	79	69
Viridula Ach.......	262	116
Vulgaris Krb. (graph.)	293	108
Vulgata (op.).......	244	110

X

Xanthostigma Mass..	103	80
Xanthostigmum Pers.	103	80

Châlons, imprimerie T. Martin.